海上絲綢之路基本文獻叢書

夏鎮漕渠志略（下）

〔清〕狄敬 編纂

文物出版社

圖書在版編目（CIP）數據

夏鎮漕渠志略．下／（清）狄敬編纂．-- 北京：文物出版社，2022.7
（海上絲綢之路基本文獻叢書）
ISBN 978-7-5010-7583-6

Ⅰ．①夏… Ⅱ．①狄… Ⅲ．①水利史－微山縣－清代 Ⅳ．①TV-092

中國版本圖書館 CIP 數據核字（2022）第 097129 號

海上絲綢之路基本文獻叢書

夏鎮漕渠志略（下）

編　　者：〔清〕狄敬
策　　劃：盛世博閱（北京）文化有限責任公司

封面設計：鞏榮彪
責任編輯：劉永海
責任印製：蘇　林

出版發行：文物出版社
社　　址：北京市東城區東直門内北小街 2 號樓
郵　　編：100007
網　　址：http://www.wenwu.com
經　　銷：新華書店
印　　刷：北京旺都印務有限公司
開　　本：787mm×1092mm　1/16
印　　張：15.5
版　　次：2022 年 7 月第 1 版
印　　次：2022 年 7 月第 1 次印刷
書　　號：ISBN 978-7-5010-7583-6
定　　價：98.00 圓

總緒

海上絲綢之路，一般意義上是指從秦漢至鴉片戰争前中國與世界進行政治、經濟、文化交流的海上通道，主要分爲經由黄海、東海的海路最終抵達日本列島及朝鮮半島的東海航綫和以徐聞、合浦、廣州、泉州爲起點通往東南亞及印度洋地區的南海航綫。

在中國古代文獻中，最早、最詳細記載『海上絲綢之路』航綫的是東漢班固的《漢書·地理志》，詳細記載了西漢黄門譯長率領應募者入海『齎黄金雜繒而往』之事，書中所出現的地理記載與東南亞地區相關，并與實際的地理狀況基本相符。

東漢後，中國進入魏晋南北朝長達三百多年的分裂割據時期，絲路上的交往也走向低谷。這一時期的絲路交往，以法顯的西行最爲著名。法顯作爲從陸路西行到印度，再由海路回國的第一人，根據親身經歷所寫的《佛國記》（又稱《法顯傳》）一書，詳細介紹了古代中亞和印度、巴基斯坦、斯里蘭卡等地的歷史及風土人情，是瞭解和研究海陸絲綢之路的珍貴歷史資料。

隨着隋唐的統一，中國經濟重心的南移，中國與西方交通以海路爲主，海上絲綢之路進入大發展時期。廣州成爲唐朝最大的海外貿易中心，朝廷設立市舶司，專門管理海外貿易。唐代著名的地理學家賈耽（七三〇～八〇五年）的《皇華四達記》記載了從廣州通往阿拉伯地區的海上交通『廣州通夷道』，詳述了從廣州港出發，經越南、馬來半島、蘇門答臘半島至印度、錫蘭，直至波斯灣沿岸各國的航綫及沿途地區的方位、名稱、島礁、山川、民俗等。譯經大師義净西行求法，將沿途見聞寫成著作《大唐西域求法高僧傳》，詳細記載了海上絲綢之路的發展變化，是我們瞭解絲綢之路不可多得的第一手資料。

宋代的造船技術和航海技術顯著提高，指南針廣泛應用於航海，中國商船的遠航能力大大提升。北宋徐兢的《宣和奉使高麗圖經》詳細記述了船舶製造、海洋地理和往來航綫，是研究宋代海外交通史、中朝友好關係史、中朝經濟文化交流史的重要文獻。南宋趙汝適《諸蕃志》記載，南海有五十三個國家和地區與南宋通商貿易，形成了通往日本、高麗、東南亞、印度、波斯、阿拉伯等地的『海上絲綢之路』。宋代爲了加强商貿往來，於北宋神宗元豐三年（一〇八〇年）頒佈了中國歷史上第一部海洋貿易管理條例《廣州市舶條法》，并稱爲宋代貿易管理的制度範本。

元朝在經濟上採用重商主義政策，鼓勵海外貿易，中國與歐洲的聯繫與交往非常頻繁，其中馬可·波羅、伊本·白圖泰等歐洲旅行家來到中國，留下了大量的旅行記，記録元代海上絲綢之路的盛况。元代的汪大淵兩次出海，撰寫出《島夷志略》一書，記録了二百多個國名和地名，其中不少首次見於中國著録，涉及的地理範圍東至菲律賓群島，西至非洲。這些都反映了元朝時中西經濟文化交流的豐富内容。

明、清政府先後多次實施海禁政策，海上絲綢之路的貿易逐漸衰落。但是從明永樂三年至明宣德八年的二十八年裏，鄭和率船隊七下西洋，先後到達的國家多達三十多個，在進行經貿交流的同時，也極大地促進了中外文化的交流，這些都詳見於《西洋蕃國志》《星槎勝覽》《瀛涯勝覽》等典籍中。

關於海上絲綢之路的文獻記述，除上述官員、學者、求法或傳教高僧以及旅行者的著作外，自《漢書》之後，歷代正史大都列有《地理志》《四夷傳》《西域傳》《外國傳》《蠻夷傳》《屬國傳》等篇章，加上唐宋以來衆多的典制類文獻、地方史志文獻，集中反映了歷代王朝對於周邊部族、政權以及西方世界的認識，都是關於海上絲綢之路的原始史料性文獻。

海上絲綢之路概念的形成，經歷了一個演變的過程。十九世紀七十年代德國地理學家費迪南·馮·李希霍芬（Ferdinad Von Richthofen，一八三三～一九〇五），在其《中國：親身旅行和研究成果》第三卷中首次把輸出中國絲綢的東西陸路稱爲『絲綢之路』。有『歐洲漢學泰斗』之稱的法國漢學家沙畹（Édouard Chavannes，一八六五～一九一八），在其一九〇三年著作的《西突厥史料》中提出『絲路有海陸兩道』，蘊涵了海上絲綢之路最初提法。迄今發現最早正式提出『海上絲綢之路』一詞的是日本考古學家三杉隆敏，他在一九六七年出版《中國瓷器之旅：探索海上的絲綢之路》中首次使用『海上絲綢之路』一詞；一九七九年三杉隆敏又出版了《海上絲綢之路》一書，其立意和出發點局限在東西方之間的陶瓷貿易與交流史。

二十世紀八十年代以來，在海外交通史研究中，『海上絲綢之路』一詞逐漸成爲中外學術界廣泛接受的概念。根據姚楠等人研究，饒宗頤先生是華人中最早提出『海上絲綢之路』的人，他的《海道之絲路與昆侖舶》正式提出『海上絲路』的稱謂。選堂先生評價海上絲綢之路是外交、貿易和文化交流作用的通道。此後，大陸學者馮蔚然在一九七八年編寫的《航運史話》中，使用『海上絲綢之路』一詞，這是迄今學界查到的中國大陸最早使用『海上絲綢之路』的人，更多地限於航海活動領域的考察。一九八〇年北京大學陳炎教授提出『海上絲綢之路』研究，并於一九八一年發表《略論海上絲綢之路》一文。他對海上絲綢之路的理解超越以往，且帶有濃厚的愛國主義思想。陳炎教授之後，從事研究海上絲綢之路的學者越來越多，尤其沿海港口城市向聯合國申請海上絲綢之路非物質文化遺産活動，將海上絲綢之路研究推向新高潮。另外，國家把建設『絲綢之路經濟帶』和『二十一世紀海上絲綢之路』作爲對外發展方針，將這一學術課題提升爲國家願景的高度，使海上絲綢之路形成超越學術進入政經層面的熱潮。

與海上絲綢之路學的萬千氣象相對應，海上絲綢之路文獻的整理工作仍顯滯後，遠遠跟不上突飛猛進的研究進展。二〇一八年厦門大學、中山大學等單位聯合發起『海上絲綢之路文獻集成』專案，尚在醖釀當中。我們不揣淺陋，深入調查，廣泛搜集，將有關海上絲綢之路的原始史料文獻和研究文獻，分爲風俗物産、雜史筆記、海防海事、典章檔案等六個類别，彙編成《海上絲綢之路歷史文化叢書》，於二〇二〇年影印出版。此輯面市以來，深受各大圖書館及相關研究者好評。爲讓更多的讀者親近古籍文獻，我們遴選出前編中的菁華，彙編成《海上絲綢之路基本文獻叢書》，以單行本影印出版，以饗讀者，以期爲讀者展現出一幅幅中外經濟文化交流的精美畫卷，爲海上絲綢之路的研究提供歷史借鑒，爲『二十一世紀海上絲綢之路』倡議構想的實踐做好歷史的詮釋和注脚，從而達到『以史爲鑒』『古爲今用』的目的。

凡例

一、本編注重史料的珍稀性，從《海上絲綢之路歷史文化叢書》中遴選出菁華，擬出版百册單行本。

二、本編所選之文獻，其編纂的年代下限至一九四九年。

三、本編排序無嚴格定式，所選之文獻篇幅以二百餘頁爲宜，以便讀者閱讀使用。

四、本編所選文獻，每種前皆注明版本、著者。

五、本編文獻皆爲影印，原始文本掃描之後經過修復處理，仍存原式，少數文獻由於原始底本欠佳，略有模糊之處，不影響閱讀使用。

六、本編原始底本非一時一地之出版物，原書裝幀、開本多有不同，本書彙編之後，統一爲十六開右翻本。

目録

夏鎮漕渠志略（下）

夏鎮漕渠志略（下）

卷下

〔清〕狄敬 編纂

清順治刻康熙增修本

夏鎮漕渠志畧下卷之二

都水使者瀫水秋敬編輯

藝文志

豐功偉烈之難遘也代不數人人不數事其事不可以無傳而非有經天緯地之學雕龍繡虎之才不足以潤金石而發謳思文之不可以已也如此夫若夫煌煌簡書凜臣心之祗畏洋洋聖訓嘉百職之咸勤煥乎爲盛郁哉可從固至治尚文之徵已故知文之能傳屬有二道紀事之

家騰茂寔崇文之志掇英聲是以褒揚忠烈則辭附青雲而文以事彰詮綴物華則姿饒白雪而事以文顯華寔兼茂古今珍焉余奉使夏陽之三年得以奔鍾之暇考文徵獻而掌吏厥司鮮有存者始問道于別署郵亭再問道于荒丘棄井雖變亂之餘十不得五然其斷碑殘碣未盡湮没者猶可述而誌也爰擇其詞炳日星與義關興廢者編次之庶幾能言之君子有足徵焉

勅工部都水司主事狄敬

皇帝勅諭工部都水司主事狄敬茲命爾管理夏鎮等閘河道駐劄夏鎮地方首在摟剔弊端恪循職業約束衙門員役使之一遵法紀無致作弊生事擾害地方所轄舊河道上自珠梅閘起下至鎮口閘止一百四十里一應工程物料會同淮徐道督率徐屬河務同知及徐沛邱河等官估辦修築新開泇河上自李家港口起下至黄林莊止一百六十里各該閘座堤壩與一應

工程物料會同兗東道督率馬捕兼管泇河通
判及滕嶧二縣印河等官估辦修築將所屬[illegible]
衛有司印河并閘壩等項官吏兵民時常徃[illegible]
催督及時挑濬仍嚴禁豪右居民不許盜決[illegible]
阻利巳妨公其夫役工食分派山東兗單[illegible]
定五府縣江南徐蕭碭沛豐五州縣皆有額[illegible]
務要依期解給應出辦椿草錢糧察炤數目[illegible]
期徵收備用毋容所司挪移一應興利除害言
益河道開載未盡事宜聽便區處應呈報河道

總督裁酌者具報總督裁酌施行各該管河官員須精擇才能常川巡視不許營求别差若該地方軍衛有司官員人等徇私害公買放侵欺及官座攙越簰筏横阻托名攙潤需索打搶詐害白糧等項船隻及假名上供所過騷擾輕則徑自拿究如干碍職官參奏處治每年終通將役過人夫用過錢糧修理工程各細數造册奏繳三年將滿預先呈部差官更替如遇陞遷仍候交代明白方許離任其府州縣相接禮儀悉

照部司體統差滿之日備察經委管河官員分
別賢否從公舉劾爾受茲委任須持廉秉公敬
勵振作清察冒破不避勞怨使工作堅固河道
寧謐斯稱厥職如或貪惰相循貽誤河道責有
所歸爾其慎之故勅

勑太子少保工部尚書兼都察院右副都御
史朱衡
勑諭太子少保工部尚書兼都察院右副都御史
朱衡茲者徐沛之間運道淤塞漕舟滯留朕國計
是懷睠焉南顧特命爾前去督同河道漕運河南
山東巡撫都御史并漕運總兵叅將及各部屬司
道府州縣等官在河道則求初之所起何困今之
所治孰急其處當塞當濬其事當革當循在漕運
則計今年未到之糧何繇運到明年應輸之賦何

以轉輸軍之不得南還者何以安插船之不能南下者若何區處二項應費錢糧於何支給合用人夫於何起取濟急之策奚出通便之宜安在俱要悉心熟議殫力實行期於河道有裨漕運無闕其南直隸山東河南等處大小文武官員并聽委用如或抗違推調怠肆虛浮及職司河道漕運揣才力不勝或奸貪悞事者五品以上并聽分別參劾以憑降調罷黜其餘徑自提問都御史總兵參將有剛愎怠玩不務同心求濟者亦聽指實奏聞究

沿爾候事畢之日具奏同京有功人員聽爾論薦
陞賞朝廷謂爾素有才望舉茲重任屬之於爾爾
尚感知遇之不易得思建立之存乎其人開誠布
公以來衆謀劬躬任怨以率郡力庶副任使益迓
寵恩爾其勉之慎之故諭

祭文

洪濟祠諭祭文

維隆慶六年歲次壬申月朔、日皇帝遣整飭徐州等處兵備兼管屯田河道山東提刑按察司副使馮敏功致祭于洪濟祠之神曰茲者漕河橫溢運道阻艱特命大臣總司開濬惟神職司水道捍患禦菑端望鑒茲重計紓予至懷懇請洪瀾佑成群役俾運儲以通濟永康阜于無疆謹告

洪濟祠河工告成諭祭文

維隆慶六年歲次甲子月朔日皇帝遣管理直隸[illegible]鎮等關工部都水清吏司主事李[illegible]方致祭于洪濟祠之神曰惟神丕彰靈應通濟漕渠特建祠宇用伸報祀茲當春秋仲爰薦品儀尚其鑒歆永俾利涉[illegible]告

漕運新渠記

徐階

先皇帝之四十四年秋七月河決而東汑自華山出飛雲橋截沛以入昭陽湖於是沛之壯水逆行歷湖陵孟陽至谷亭四十里其南溢於徐淵然滅巨浸運道阻焉事聞詔吏部舉大臣之有才識者督河道都御史直隷河南山東之撫臣洪閘之司屬槩諸藩臬有司治之得今萬安朱公衡爰自南京刑部尚書陞工部尚書兼都察院右副都御史

奉璽書總理其事公至駕輕舠凌風雨周視滄流規復沛渠之舊而時瀦者爲澤淤者爲沮茹蘆與塞俱不得施公喟然言曰夫水之性下而茲地卑甚不獨今不可治也即能治之他歲河水至且復淪沒若邇事何召諸吏士及父老而問討或言道南陽折而南道至於夏村又東南至於留城其勢高河水不能及昔中丞盛公應期嘗議鑿渠於此而不果就其迹尚存可續也公率僚屬視之果然馳疏以請先是帝從之工旣舉而民之規利與其土

大夫之涅於故常者爭以爲復舊渠便先皇帝若曰兹國之大事謀之不可不審也勑工科右給事中何君起鳴勘議焉何君具言舊渠之難復者五悪宜治新渠而增其所未備以濟漕運詔工部集廷臣議僉又以爲然詔報可公乃廬於夏村晝夜督諸屬程役以工授匠以式測水之平鏟高而實下薙鮎魚諸泉薛沙諸河會其中壩三河口以杜浮沙之壅堤馬家橋遏河之出飛雲橋者盡入於秦溝滌泥沙使不得積凡鑿新渠起南陽迄留城

百四十一里有奇疏舊渠起留城迄境山五十三里建閘九減水閘十有六爲月河於閘之旁者六爲壩十有三石壩一堤於渠之兩涯以丈計者四萬一千六百有奇以里計者五十三爲石堤三十里又疏支河九十六里二千六百餘丈修其堤六千三百四十六丈而運道復通由徐達於濟舟行坦然視舊加捷階惟國家建都燕薊百官六軍之食咸仰給於東南漕運者蓋國之大計也自海運罷而會通之漕猶兹一線之渠其通與塞又關之

所謂大利大害也河勢悍而流濁壅之則復決瀦之則輒淤事在往代及先朝者姑弗論即嘉靖間疏濬之役屢矣而卒未有數歲之寧則今徙渠而避焉誠計之所必出也然當議之初上也或以為方命或以為厲民譁之以衆戶撓之以貴勢誣之以重謗脅之以危言于其時公之身且不能自保況敢冀渠之成哉賴先皇帝明聖不怒不疑徐以公論付之諫臣擇兩端之中而因得夫遠猶之所在由是公始得竭智畢力以竟其初志而質其謀

之非迂然則茲渠之成固公之功實先皇帝成之也昔禹受治水之命於堯盡舍其前人湮塞之圖而創爲疏瀹之説彼其驟聞焉者豈無或駭且謗乎惟堯信之深任之篤至八年而不二禹是以得建萬世永賴之績奉玄圭以告厥成則洪水底平雖謂堯之功可也而虞夏之史臣與後世之文人學士咸知稱禹而莫知頌堯嗚呼此堯之德所以爲無能名也歟洪惟先皇帝力持國是以就茲渠功德之隆較之帝堯可謂協矣階曩歲備員內閣

嘗屢奉治河之諭邇謝政南歸復得親至新渠[illegible]
其水土而考論其事之始末追感往昔不自知涕
泗之交頤也遂因公請僭爲之記且以告夫修[illegible]
錄者役始於四十四年十一月二十四日成於次
年九月初九日用夫九萬一千有奇銀四十萬贊
其議者河道都御史孫公愼潘公季馴綜理於其
間者工部郎中程道東游季勲洗子木朱應時涂
淵主事陳楠李汶吳善言李承緒王宜唐鍊張純
參政熊桴副使梁夢龍徐節胡湧張任陳奎李幼

滋僉事董文寀黎德充郭天祿劉贄並列名左方

新河集序

王世貞

新河集成諸頌大司空朱公功者亡慮數百家文亡慮數十萬言雖其言人人殊要之大公功而已公之所以功亦易則若一也世貞受而嘆曰今之所羣然而頌公者與昔之所齮齕公者其人非耶則何嘗胥壞焉盖嘉靖末河決而東注自華山入飛雲橋截沛以入昭陽湖於是沛水逆歷湖陵以至谷亭四十里其南溢於徐爲浸俱破漕天子聞而閔之咨於衆而得朱公以大司空兼御史大夫

往諸治河撫漕中丞監司守令悉受束得一切便
宜行事衆或謂濬舊河便公獨曰不然夫黄河之
爲决也若大盜然漢武帝竭天下之力至全沉
璧馬從官負薪石而後僅勝之而爲立宣房作
歌以侈大其事説者猶以爲不若避之便所以避
之便者河不與漕爭道也今河與漕爭道矣乃至
欲隱河之害引而爲漕之利是延大盜入室也歟
勢不得避則逆而捍之勢得避則順而從之夫變
與捍之間而吾識其説矣中丞處處指者掌背[illegible]

鄧河南陽折而南東至於夏村又東南至於留城以通漕事中廢公行求得故址喜曰是途可避決而近可漕也築之役夫可九萬有奇金錢四十萬有奇粟稱是條上之報可諸言濬舊河者交難公曰河性寧有常及舊河獨不能及新河耶今朱公鑿空而勞十萬人之力損縣官之金錢數十萬緡粟稱是一旦捐而予潰何不知何以稱塞也當是時天子意不能無動而獨朱公屹然於橇樺畚鍤之間以與士卒共其苦諸傴僂胝胼之衆不以咨

而以頌天子廉知其狀乃稍益信公逾歲告竣河亦引分去歲漕受計如約璽書褒下賜金遷官加等昔之所羣然而齮齕公者轉而爲頌矣自是更三朝人主愈益唯朱公重重在宮殿山陵則公召而壯重復在河則公復借而南公且以司空百揆矣乃集羣公卿大夫士之言而梓之曰吾非敢救侈大如前人也夫孔子之聖焉從政而不免毀公孫氏之賢爲鄭焉而不免毀且吾安知始吾聞之漢將軍充國之言曰吾年老矣爵位已極豈嫌

一時事以欺明主哉兵勢國之大事當爲後法者
臣不爲陛下明言兵之利害誰當復言之者夫進
而疑功退而疑名乃不一避焉而務爲實以示夫
後之憂社稷者何昔臣之忠篤懇厚若此夫今而
後知國家之於決河在徙與捍之間也河之爲漕
害而不爲漕利也任事之貴勇而任人之貴專也
則在茲集矣夫是故世貞亦不以爲公嫌而爲之
序

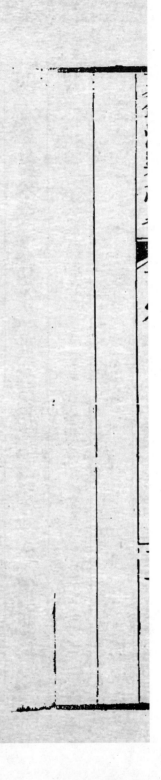

創建分司公署記

雷一龍

沽頭故有分司自成化乙巳憲皇納平江伯陳公銳議命主事陳宣治水事於上沽頭東隅創建衙宇嗣後涖茲土者相繼增葺至嘉靖四十四年七月河決漕湮公署淤沒司官暫憩民舍值大司空吉安鎮山朱公都御史吳興印川潘公會三省撫巡及司道等官僉議舊河瀰漫無跡工難施題下工部會官覆議奉世宗俞旨改鑿新河將分司議駐夏鎮緣連歲經營河工未遑興造至隆慶二年

七月大工底績主事陳楠子材迺買民地十[illegible]
六分定基址其工費司道會估請於朱公允[illegible]
道銀兩檄沛縣知縣李時總管主簿高述典[illegible]
朝器分管於是月初九日起土八月十六日[illegible]
廳及大門九月十二日成寢樓十月初四日[illegible]
門[illegible]門並儀門內東西小房行廊十九日典[illegible]
及宮[illegible]後堂東西側房繚以周垣實備[illegible]
嘗[illegible]外南留八丈八尺北留三[illegible]
[illegible]往來偵予告老南[illegible]

厥[illegible]工程子材求予記其事予聞建大事者不膠於故迹圖永逸者不惜乎一勞國家定鼎北京軍國之需仰給東南貢賦其漕艘必由徐沛浮濟以達於帝都濟寧據中原之脊其地獨高漕河跨之勢傾南北三沽當其下流爲咽喉要地正統以來黄河北徙靡常漲溢無所底止豐沛屢罹其患至嘉靖年間前後衝決淤塞者凡幾處建白經理者亦幾疏卒不免三沽淤没焉此其爲咽喉之病非一日矣可蹈常惜勞而不思所以療之耶夫治人之

一五　分司

病者必先通咽喉利飲食庶命脉不虛今三浩淤沒阻滯南北咽喉治之不可不先且悉鎮山公操國手切脉絡聚集良方力主改鑿南陽貫夏鎮通留城接舊河使咽喉利達漕艘無梗而國家命脉實永賴之其視善治病者使人氣血流通爲何如也矧夏鎮居昭陽湖東地形峻且遠黄水不能淤沒實天設此地以俟改鑿通運道而分司創建不有待於今日歟予材負青才躬親河患督夫[illegible]鑿隄防而宣節之冒風霜者凡數載茲奉[illegible]

董率屬官新鯑魚使荒僻草莽之墟峻公宇蕭蕭
聽而街市比隣環拱凡舳艘入貢者得饑食於茲
王焉其利濟所及不與國運同其悠久耶予睹其
成而記之庶以後職水者仰思今日攻創之艱業
所以祗欽命表官常則漕務有補於前修亦藉并
云

[illegible]

勑建新河洪濟祠記

于慎行

嘉靖乙丑河决豐沛世宗皇帝憂之策命太司空鎮山朱公持節臨决河相治粤二年新渠告成穆宗皇帝嘉焉詔晉太子少保入掌部政都水郎季君膺請于新河之中司空舊所屯處建祠祀河神如顯會諸廟制曰可錫名洪濟昭神貺焉命門人于生慎行爲記記曰國家歲漕江南給中都官由淮達濟勢不得越河而上乙丑之役則鼂家屯南流塞也而河遂壮徙横貫運道而東舟膠淮不進

矣公既受命馳七日至河上身率四部使者諸郡長吏以下行河所潰遷道自湖陵方與溢溢數百里杳茫無際從沛城上望河高出民屋數丈所民走棲木末間有高淤皆浮沙不可著足挑之裁沒沙中不能去而議者言開新集故道放河使南下宜不病漕則又率使者長吏以下行河上流故道在平地上鑴之費四百萬河勢不必就則下令父老吏民有能條河便宜者悉奏記上于是言河事者日至其長老善策者曰河之所爲東下者利[illegible]

昭陽湖也故漕在湖之西即幸而可開為河除

道平況其難如此則稍稍言夏鎮地高昂可渠也夏鎮若故中丞盛公所欲成河中作而罷公又卒使者長吏以下行夏鎮渠自南陽而東百四十里而與故渠接在昭陽湖東岸河即羡溢得湖而止可無東出道里徑易較穀亭疾十日訃役權其費發卒九萬人可治也公喜嘆曰嗟乎天作之漕矣辛上疏白請棄故渠予河勿通通今渠大便利報日司空議是于是集河南山東兩畿丁夫若千萬

畫地而作推擇賢有才吏各以所部齎工作調金
穀藩臬大使量道里遠近周行襍視而公身居河
上以一櫓為廬夜則召集群吏高度利害日來往
勞若吏卒也若無河渠已有狀而諸魚沸民以貴
去無所居貧困誂曰故渠可開也忌公若以聞上
使使行視至則一區淮而使還曰狀下九卿廷臣
議又報曰司空議是遂卒就渠渠長百四十一里
西首南陽東抵留成建閘八座水門十四月河六
道上石壩十有二堤四萬餘丈柳十二有奇皆

平地上穿所謂新渠也而留城以下故渠五十里稍鏟廣之更爲一閘二壩東岸築大堤一道長與渠等遮河使順漕而下明年九月終漕舟從南來擊擢伐鼓不十日過去于是中外咸賀公公曰未也有三河口三河者薛沙牛溝三水入渠口也所從來湍悍善敗渠乃金蓮青山足股引薛河灑而爲兩注之呂孟湖又股引沙河別注之獨山湖又多爲支河長壩近渠口注之尹家湖三河雨水暴至不得更入渠渠涸則入之于是又咸賀公公曰

未也夫河者漕之本也則自曹單以上遥月堤至
儀莊爲長堤四十里其他皆爲小堤諸防河功利
故所未備皆以便增置居久之計者果又請開河
上源上又使使視之則蕭然堤矣于是言者大沮
不敢復談河事而異時漕從沽頭上率八月罷令
從留城上遇淮泗不阻輒四月罷乃戊辰己巳汪
淮閤大水水病四五郡新渠無恙也是時言司空
渠便者以千百數朝士大夫道新渠上者未嘗不
倚舟瞻睇問公治河時事嘆之矣方公治河時行

嘗從遊六月大暑望見公緋袍去蓋日中立河堤汗淫淫雨下面目犁黑又見公夜二鼓棧車行泥淖雨沾衣也當是之時吏士數萬人感公之勤踴躍百倍呼聲震野願爲公効力嗟乎大臣之爲國其勤如此矣古今言治水率稱神禹當禹之前非聞有鑿山開道疏斷天地之險如龍門砥柱即由入大荒曠日勞遠又非一丁之力也然而規畫素定縱橫九野如運之几席曷其易也及宣房瓠子之役所決裁一郡漢天子親臨河沈白馬玉璧將

軍以下負薪僊乃塞之又何難也或曰禹蓋受玄夷之書有神靈焉故曰神禹綜其荒度之迹手足胼胝三過不入其勤至矣河曲移太行魯陽迴日精之極也禹之所爲神僊以是耶超哉邈乎我公之功精誠之志神式靈之矣祠以勒功大矣哉既綜其始末乃系之頌曰世皇之末洚水茫茫漕舟百萬艤彼徐方嗷嗷天邑億萬震惶皇顧而嘆疇奠懷襄歷選群后公在朝堂誕告有位載錫之章公拜稽首肅肅宵行遄臻于沛于徐于揚相彼

故道泮澌汪洋勢如奔馬莫之敢當乃遷于陸在河之陽龜筮协言我謀允臧蒸蒸我徒畫池于滸伐村于山摧金于府荷鍤如雲揮汗成雨人百其身聲騰橐鼓司空胼胝茇而不宇悉心畢力靡有遺所平陸為渠橫流入浦延袤二百如攜如取河流如注舟如迅羽乃來玄圭二命而俯帝謂司空戎賓績禹何以錫之白金文黼何以寵之元公之組公拜稽首匪臣之庸光光廟謨天子之功赫赫神貺肅我皇靈左右羣吏以奏膚公乃詔守之建

又河宮有侐其宮于沛之里表以而觀神逵如祇
人吏歲時敬共明祀操蛇戴巫子烏燕喜于萬斯
年為國之紀亮我皇祚災不復起九域之貢千艘
纚纚於鑠我公既多受祉民有謳吟國有圖史陋
彼宣房在河之沚志之玄石以觀遐邇

夏鎮鎮山書院碑記

董份

初河決沛縣閒彈爲河河成陸而漕壅塞大司空朱公治渠通漕徐沛底定中外咸服土人尤感之以公治渠廬夏鎮夏鎮者公所勞苦立功處議即其地祠公公謝弗許而水部錢君季君議曰祠叢搆而公弗許令諸郡邑弟子員從公游者日益衆方無他廬令諸弟子野處露從非所以羣肄厲學之意也今即祠表爲書院授弟子室而公儼然臨之則學者有肄不乖土人感戴祠祀報德之心而

因可以興教以請宜許公果許而二君者走使于里徵余言余惟祠本祀功公讓以明教余請先言公之功而因以爲教可乎盖公之治渠也數問策或言開新集或言開麗家屯新集麗家屯者舊河也公遣按視還稱新集亘二百餘里費三百餘萬金工三十餘萬人作終歲乃就公蹙然曰令縣官方匱費何出且河非可以人力爭也諸故所徙道棄弗居今單三百萬委巨壑挽所棄而爭之即得成河不來來或決後何繼焉是虛國之道也聚三

十萬人終歲作即有疫癘或他變生是社稷之可憂也可爲寒心乃數橇涉親行河得故盛中丞所建尋蕭之迹鑴廣之加鑿爲新渠新渠地高稍遠河遮諸山之水厮淵陂流無所事河漕可以濟而任其所棄弗與之爭任所棄則無糜財弗與爭則避決患是役也較舊渠省二百餘萬金免二十餘萬人作以數月速就從桅席過萬舟立漕數百萬粟灌輸太倉官無舸滯之虞民無騷動之苦近紓目前之急遠奠無疆之基國用不虛社稷永賴老臣

之忠于爲謀如此余覽史冊自上古無治河至禹而隨山濬川九河始著此開闢以來聖人崛起非常之蹟也自禹後河或決或塞無能用河至明與而宋尚書引河爲漕利其用自尚書後漕或塞或開無不遵用河至嘉靖間朱公避河爲渠杜其潰雖聖賢不同其崛起非常之蹟則一也夫琴瑟敝者更絃途窮者改轍豈不欲守其常哉時不得不然而勢有必至也故時窮則變勢敝則通聖人不凝滯于時而與勢推移賢者識時之務觀勢而動者

隨時以順變者性之原也沿勢以會通者道之本也昔孔子取水以喻道而孟子稱言性比于治水固以道有本而性有原也因性以明道者謂之善教由性以悟道者謂之善學朱公繼禹之蹟識其變通此其學之所得深遠矣其所以敎諸弟子者當不外是夫拘學守常經不越誦習以稗見聞者其志蔽也俗師守常訓不離佔畢以傳口耳者其知淺也故聞道則笑語性則惑學之敝也極矣而君子之敎窮矣夏鎮去鄒魯近鄒魯孔孟之鄉性

命道德所自出也當是時三千七十子之徒孔子獨稱顏回爲好學而參也卒得其傳以子貢之辯智猶嘆性與天道之難聞也豈教有所待而學者未易至耶及孟子言性論道發孔子之教尤大暢明而其受業者無傳焉豈學由心得而非教之所能爲耶今諸弟子生近孔孟之居以高才從朱公之教而起其間必有非常之士越常經超常訓闢孔門未聞之指傳孟氏不傳之緒余從千里外望之矣朱公名衡號鎮山以渠功晉太子少保書院

門三楹儀門三楹堂五楹堂後東西舍各六楹自五楹閣後游息堂三楹井竈庖湢皆具爲夏鎮傑搆云錢君名錫汝季君名膺議表書院者也宜得書

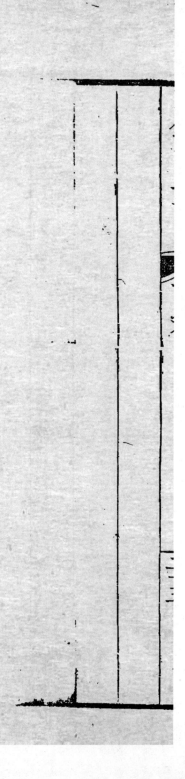

夏鎮義學記

陸徽

余初抵夏鎮觀司之東北有堂三楹而未就詢所以則朗峰錢公爲義學計也淵乎錢公用意之深乎庶富而教自古記之家塾黨庠即三代盛時不廢蓋民俗移於習習成於豫十室忠信可與至道顧養教之弗豫童而習長而服不復知有聖賢之訓而恣睢儇巧是趨其爲風俗治化累非尠也夏鎮始以村名居民鮮少自新河開運道所經民日成聚地距縣治三十餘里遠於黌校師儒之教兼

以四方遊市襍集喧處厮鬭見賈販乾没耳安事詩書是可爲習俗慮也錢公之欲舉義學其以此歟余廼遵其規畫督諸役首成之葺修堂宇繚以周垣立大門書義學匾其上後起堂三楹東西旁舍具遂群子弟其中擇端方不貳者給館穀傅之訓以古先聖人之格言孝弟禮讓之大致呻吟誦讀琅琅徹朝夕矣自是有忠信志道者出接鄰之風庶幾於章甫逢掖之裔則錢公建學豫敎之意詎可少哉

新築夏鎮城記

楊信

築斯城也肇自前任光山韓公盖歷覽其地日益闢而民日益聚非復昔日之蕞爾夏村比也且南接淮徐北通汶濟東接滕薛西控豐沛此誠舟車之輻輳而姦宄之淵藪者時有警急何以捍禦豈直居民爲之騷動而官府亦奚所恃以無恐遂建議興築焉地形橫則一百八十丈從稱是高一丈有五尺闊倍是舉砌以甎石焉思吾永賴允爲保障之至計也無何以瓜期代去余不佞嗣其事者

而會天災流行饑饉薦臻無論土著者鼠竊萑苻
起猶日虞四方之暴客而莫禦也諸士民乃僉謀
于余曰有備無患豫也患之所至城守不嚴綴急
無賴所由來也茲以歲之不易四民尚爾野處以
逞忍心無乃不可乎鎮衆將君是望矧在昔韓使
君業有成議尋而卒成之可也余謝不敏乃益再
固請余曰城何容易夫舉大事者而需財也甚弘
其用力也甚博而慮始惟難余焉能爲若所需財
籌之在我得自由焉至勞以畚築衆其以我爲

而謗者作也乃又進言曰城牖蕃吾衆而力役以勞我其庸多矣非所患也於是乎理前事而從事焉顧所砌石數千丈輒百萬非積之數年之久未易一夕卒辦焉者無已則預築土以爲之質物力則易備而功緒則易就也迺請於制府楊公得報曰可工興於八月初旬越六旬而竣凡役夫一千八百名民夫止五百猶各日給銀三分蓋與河夫之顧直者相若固未嘗空勞其衆也凡用銀二千三百兩有奇出自余鍰金者百金捐自余公費者

五十金餘舉取自余所嘗積貯湖河租稅併曠役
顧直者亦未嘗取於公也凡城四周東則居民隣
比屹屹亘高墉因以爲擴焉諸占用民田百畝舉
償其直而蠲其稅亦未嘗輕毀民廬舍也南門曰
延慶西曰瞻華北曰拱極東則曰望泰暫顏之夏
鎮舊門余嘗代去姑苟簡報成事以副鎮城士民
之請云爾若夫補其闕略而砌以甎石以終韓公
之長計是所深望于余公者城在萬曆丁亥麗譙
則次年告成也楊公名一魁山西安邑人韓公名

四九　[illegible]

県河南光山人余公名繼善河南固始人督理沛
縣知縣符璽管工沛縣主簿石堅滕縣主簿汪伯
梓

修見泰樓記

余繼善

鎮在沛之東隅舊稱夏村民居廬列蓋寂寥蓁莽之區也嘉靖乙丑冬大司空朱公與今總臺潘公改鑿新河通漕輓於是燕趙之大賈吳會之估客紛紛藉藉通津問渡而士舸官舫雜沓其間四方輿百貨而來者肩摩轂擊積之至今廿有餘載蓋蒸蒸然化爲囂繁之境矣歲丁亥春大饑萑苻嘯聚之徒時闖其境剽掠以去關中楊公助我至喟然嘆曰易稱王公設險以守其國周官掌固修城

郭溝池樹渠之阻凢以庇民也今狐鼠誰何於徐
沛之郊謂庇民之義何乃奮然思爲城以防焉顧
工費無取於公家而轆括猝難于底績遂定土垣
之議請於撫臺楊公報曰可公始諏吉鳩工以僝
厥事董其役者則義官孫傑等而畚鍤之夫取諸
治河之餘隙畫地而授之役稽度以程其工公日
臨而督之始丁亥歷戊子秋凢爲樓者三西曰阜
成南曰延慶北曰迎恩成城六百四十六丈有奇
前有事於東而公已及瓜矣余以是歲之七月

代公見城櫓方新峥嶸蔽虧嵬然奕然中囊井廬
表帶河山羡哉恢恢乎楊公之烈也顧東南正商
民輻輳之地而猶然缺焉不逞者可躍而入也其
何以卒業而竟公之德意哉於是取裁於廉察前
遇所陳公今梅源陳公合議於總臺潘公漕臺舒
公得允乃因其遺畫檄其遺材袤二里許無何而
言言百雉城姤若完璧矣顧樓於此者尤係觀望
視三方加巨麗焉扁曰見泰門曰會景巘巘嶮嶮
矗如山嶽眞足以雄一方稱勝槩也君子登斯樓

也前招岱宗右指黃河雲霞映眥不可以時觀察
而蕩胸次乎下瞰漕渠歲稽運艘間闗牽輓不可
以勤灌輸而計儲糈乎延覽民物俯察疢痡瘝
衢衝不可以省煩役而思阜安乎凡若此而其貽
利於鎮者甚弘也葢自是不但可無憂於狐鼠矣
大率舉事者不難於圖終而難於慮始是役也微
或委之守土之吏而撓于肩鉅之議即余至固無
能舉爲是以知楊公之大有造于鎮也雖然沈君
曰苟不衛城無益也後之君子慎無以埤堞爲足

恃哉楊公名信長安人癸未進士陳公名文燧臨川人壬戌進士陳公名瑛莆田人甲辰進士其諸有事于城者側書于碑陰故不敘

清風潭烈女祠記　楊爲棟

烈女窶人子也不詳何許人年將笄隨父母僑寓夏鎮城南窶人故匱于資斧業攻皮自給女妻傭鍼工佐之無黷言居亾何會甲午歲大祲里閈饑死者道殣相望殍以澤量窶人度不能俱存謀鬻女弗售以鬻于娼母知告女女拊膺大痛赴潭水殉母從之於戲悲哉是女也義不受辱視死如歸忼慷激烈之氣憯天地而泣鬼神純白晶瑩之操凛霜月而映氷玉烈哉夫捐生就義惟俶儻奇傑

者稱焉而矜名褆節或可望于學問義理之備彼
流離寡昧之處女殆非其質哉迺能果于自裁爾
爾非夫皭然之性出于天卓然之識負乎群者曷
克臻此顧其節概誠足豔詡而所遇之不辰則有
可悼惘也者夫女也以彼其形即古媸妍者奚以
尚茲詎不褎然淑女乎藉令有君子者逑之固當
以淑媛居人間世云胡女笄而未字而六禮故愆
期也可爲悼惘者此也不然即翳于娼閭有素封
之家有能憐而贖之以麗厥良庶此女身命俱全

何所騁之義嫁孤之仁竟蕪行古道也者苛爲悼恫者此也雖然美人塵土何代無之與草木同盡者亦復何恨獨此女不蠖身不墮名盖天以大節付之烏問乎遇之奇不奇哉是故等死也有當無則泰山埒重然則此女一死重泰山已惜當時柔風者不及其姓氏遂湮滅無傳良令志士感愴余行水茲土耳其事于鄉薦紳父老惻惻嘆賞者久之曰有是哉褻人之愚哉亂命謂何矣有是哉要之烈哉可以風矣我皇上磨礪世鈍首重風教歲

命部使者蒐輿堞之瑰行核實以聞旌予有差爾此女之烈章章如是盍紀諸石以需鉅典于是勒石水干名其潭曰清風潭而弔之以辭辭曰彼美者姝稱嬋媛精姿孌孌雙南錕生也不辰託蓮門笄而未字迺塵樊一朝大祲毒郊原嗷嗷骨肉難俱存隋珠輕擲空含冤携持母氏啼聲喧嗟吁[illegible]片荆山璠寧同瓦礫淆清渾蹇裳一躍沉深源愁雲靂霧天日昏氣作洪濤水爲歎堅操壁立楮崖斎水濱歲歲長清蘩相應清淑騷靈根溜漸日夜

嗚潺湲若爲泉壤聲嗚呑道前芳骨纍新墳杜宇
年來啼血痕可憐新鬼哭荒村節序何人薦赤蕢
我來問水駐輶轜聞之酸鼻吊丘園釆毛酹水奠
香魂汨羅湛露首陽蓀魂兮髣髴聆我言古今死
者難俱論繄惟眞烈可永存爲勸貞珉志勿諼

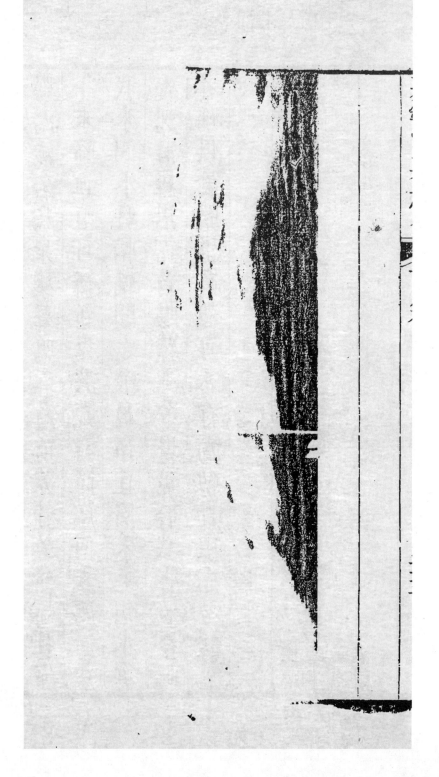

沛姜君傳

陳名夏

沛姜君上桂以死蓮妖故鄉士人纍獮與遊志名上守不忘私謚爲靖節先生從其稱也謚八九年會沛無顯者守令未有以上聞余來沛言姜君泫然爲之傳謹按君父其爲州庠生家夏陽舉君及君季君少孤依母劉氏少倜儻不治家生產工文詞雄悍峭削有提戈千里之氣君父執賀應魁謹舍事之以故君得大肆力于學年三十二始補邑弟子君慷慨自許讀書畧觀大意每同儕輩語及[illegible] [redacted]諸劇賊便皆裂髮指憮然曰大丈夫不能殺賊即罵賊死安能死兒女手纏綿枕席作牽衣流連情狀哉君以此稍稍自放于酒不肯卒學醉則仰天嗚嗚人或嗤以狂君弗恤及蓮殀逸夏陽君居北莊村里人挾瓜走迎賊君以義爭之里人怒白諸賊執君及君子君謂其子曰吾得死所矣吾爲國諸生不能伍行間捍賊鋒又不能蚤自引決去然終不能婁伏苟請以幾一生凡死死數吾死死義等死耳將辱之君遂前罵賊不絕口[illegible]之子亦

義不屈賊愕覷曰此狂生曷舍諸因紿曰汝醉矣君益厲聲曰吾以義死於賊其肯以醉死我哉遂遇害時君年五十也外史氏曰甚矣姜君之似古人也方賊之寇夏陽也勢慓疾闔境褁囊挈妻子遁君能去可得不死里人以瓜遺賊君弗詬詈彼亦可得不死賊執君矣君諸生耳非賊所甘心攜痛辱之君與子俱可得不死賊以醉紿君將生君也君稍云沉湎又可得不死君何以死爲哉雖然天下可以死而不死者獸心之尤也君可以不死

而必死深足以愧天下之可以死而不死者君可
以不死而死死矣而事後論君不知君所以必死之
必猶腆顏鼓舌訶君爲可以不死此之死君更甚
于賊矣古人如顏如段義不與賊俱生何其甚也
設姜君後先其間豈當可以死而猶不死者哉甚
矣君之似古人也

新建安夏樓記

狄　敬

夏陽固南北一都聚也菽粟之入足資他郡魚鹽之利埒於江淮其民五方雜處其物百貨具集其形勢引泇泗接汶濟而控轉漕萬里之要津余以庚寅之冬奉　命問水茲土時值東山不軌狂獗竊食風鶴鎮民相率避去其僅存者或疊石為巢或營地為窟余則佩劍執殳日夕率其鄉之子弟依河而守署雖存弗遑寧處也二三父老羣集而謀於余曰事急矣乘漏舟駕危濤矣不恃寇之不

來而恃吾有以待其來箭走蓄銃載此朝食戰之謂也囊之時肩摩轂擊衽帷汗雨則耒耜可當戈矛制撻亦可撻敵今日則無民鑿斯池築斯城守之謂也夏陽壘土為垣日就頹圮又缺其東面即使墨子定計無益矣謂欲議築而請帑未暇糾力不能雖三里之城費當金錢盈萬非可咄嗟辦也計莫若先圖所以安使君使君安而後可徐議其他其于署建一樓制如堞而可守為便余曰吁余貫官于斯弗能為父老子弟圖安而鰓鰓焉一人

之安縣黯且效老子弟之弗能安而又奚所賴以安吾一人當此九巠數燼之餘顧以土木興作之役重累吾父老子弟即父老子弟義而與我余繇何心而亦計之必不成者也父老曰微使君言爲籌之稔矣署之後有圃數畝可度爲基前使君爲臺榭以備登眺頹毀墉猶有存者址可因也署之內外餘舍若干材可取也爰有爲余職奔走者匠材具者盡其力而執役者不憚殫勞而董厥事者余亦悉索其微俸之所入以供旣㮚梓材之需

餉資庀物裒多益寡得樓三楹爲高五十尺有奇樓之前護以垣垣高及樓強半垣之内布以迴廊足蔽風雨小樓數椽可供偃憩距樓四面周以女墻墻之西北東南二隅各爲堞樓以相掎角也墻之外環以濠塹浮梁橫渡防飛越也飾無取乎丹雘惟其朴而堅制無取乎恢弘惟其愼以寄經始王正迨于孟夏匝三月而功告成時則

聖主新御軫茲東土聿彰天討渠魁授首梟磔藁心蓋三齊鄒魯之間誕奏廓清之烈而夏陽之邑

□民翦芋闢土宅爾宅畋爾田漸獲寧其幹止□
由今而觀斯樓抑似爲無益之舉者而原夫斯樓
之肇造時方烏驚獸駭而相率急公趨事訖無離
心及夫斯樓落成時事漸定輓輸無阻而舳艫雲
集使節貢途而車蓋相屬向之稱南北樞會邇控
轉漕之要津者嘗無佚十年爲生聚也則諸父老
爲余言安一人以安夏陽計非迂也

詩

治河功成　王　問

漢代山河幾百秋飛雲橋下水狂瀾只今倚劍歌風地盡屬皇明海上州疏鑿再逢神禹手平成徧起野人謳行看帝錫玄圭日穩濟東南萬斛舟

呈朱司空二首　李攀龍

重華冀壯再開天益作山林涉大川四嶽受成方貢日三邊仰給縣官年黃金不及隄形壯白馬長隨練影懸轉自流言能悟主老臣知遇兩朝偏

河堤使者大司空兼領中丞節制同轉餉千年華
國壯朝宗萬里帝圖雄春流無恙桃花水秋色依
然瓠子宮太史但裁溝洫志丈人何減漢臣風

過新河二首　王世貞

日出烟空匹練飛大荒中劃萬流依連山盡壓支
祈鎖遏漢疑穿織女機九道徵輸寬氣象六軍容
物迥光輝芾棠欲讓金堤柳曾護司空却蓋歸
兩朝三錫璽書專自矢流言格上天功似玄熊宮
百揆渠名龍首帝元年飛艘雪擁吳都稻繫筰波

穿少府錢長孺祗今稱社稷當時鉅野總茫然

新河篇　　朱璉

聖人出震黃河清舳艫萬國咸輸征忽爾蕩[illegible][illegible]地軸兗徐千里洪濤侵荇藻棲宮龍走陸桑田淅作鮫人屋漕舟遠近盡膠泥居民黔白皆含哭事聞閶闔動宸衷沉玉投薪未有功僉曰考亭能繼禹乃借少宰爲司空司空重來東土喜萬戶編氓生意起國中棠樹勿剪傷天上衮衣姑信處金章玉節駐河濱只見洪流不見人白浪潺潺吞地盡

黃雲冉冉入波深周旋顧視公心惻謀國應當建長策陽侯未可與爭鋒爲下先須因瀦澤詢之夏村有舊河用力實少成功多公先桴鼓率百役師徒任輂臧謳歌如何新進摇國是讒口嗷嗷向舜吠舍新圖舊有虛詞橫木桑沙無實地時論者欲仍開舊河乃差官勘之沙泥淤塞人不能竚足而止公笑書生未讀書以水治水胡可滯黃河自古難復故禹蹟茫茫今幾處聖明天子信任堅賢成功不貴言踰月圭書馳驛陛浹旬漕舫列幽燕

吁嗟成功貴在斷訏謨奠遺浮言亂當時堯禹不同心平成事業何由見

濬漕奏績　　徐顯卿

平成萬古思神禹九河無處尋遺軌龍門東下受百川南徙時驚地維圮我明轉漕開會通四瀆貢賦資河功徐方倏奏梗中道洪濤巨浸奄來同聖主宵衣憂獨軫水土何臣任維允僉曰司空良股肱璽書特簡綰民隱司空治水如治病分經順絡隨其性疏鑿寧辭胼胝勞寅恭祗畏方初命時秉

弗怠得禹傳百工奔走何驩闐新渠紜紜水流駛
片帆千里飛雲烟底績歸來報明主紫殿千官爲
公喜砥柱中流今有人舟楫商家更誰似覃恩晝
接覲天光沛澤遥如江漢長幾人德惠及民社勲
名奕世垂旂常

濬漕奏績　　賈三近

憶昔沛中雲色愁驚濤萬頃隨陽侯漂沙圻岸留
孤樹風雷競怒滄江秋蛟龍近郭鸕鷀喜一望洪
川暮烟紫郡國尺書走飛電帝寵司空濵河水天

上秋馳玄武車　道分劍履臨淮徐旋沉白馬授玉
璧登山重啓玄　武書玄夷使者授眞訣爲歸徐關
白浪臧金繩照日生榮光獨抱玄圭奏芳烈留侯
祠前烟水平歌鳳臺下野雲晴中流飛輓自來去
河洛千年同頌聲

閱視漕河四首　　田一儁

洚水逢堯代玄圭錫禹年功成三載後智冠百僚
前國計魚龍集皇圖日月懸河平當有紀擬管愧
非賢

貢道經年圯河流此日過渠成沉白馬楗下泣黃
熊鳥影千帆外波光一鏡中虞庭誰奏績娥氏作
司空
幸覩巨川老深憐澔淵歌石疑驅海若梁乃駕黿
鼉估客春颿穩天吳霽景多共忻明聖世從此測
龜河
三策功誰最中朝命獨優臨河知禹績濟世想虞
猷國倚人爲柱名將水共流負薪翻吊古臣主袍
深憂

新河功成二首　徐中行

揚塵忽自阻神州紓策誰分聖主憂疏鑿九河唐伯禹轉輸三輔漢鄧侯天連海嶽仍通貢地壓魚龍自穩流却笑漢皇臨瓠子負薪投璧不曾休

漂搖獨立衆言餘胼胝功成總不如堤築千金高鄭白艫銜百里薇青徐玄圭已告開天績玉簡曾傳治水書更道史才司馬後濡毫還自紀河渠

河工奏績　范謙

清時共羨濟川才金簡曾探禹穴來白馬中沉河

勢斷玄夷東去海門開帆檣吳越輸秔稻烟火青
齊闢草萊四載勤勞問熊軾百年勳業屬麟臺

治河功成百韻　于慎行

帝統開元運皇猷播萬方臣時資禹稷翊聖邁軒
唐四瀆承休遠三靈叶貺長金繩昭上瑞玉牘啓
殊祥邈矣思河洛遐哉徹土疆堯年疏砥柱漢日
塞宣房一自神州奠長令泰宇康有時還美溢無
策乃隄坊國運千年脉河流一葦航通淮環寢廟
達泗灌庾倉[illegible]左東輸海陶丘北會漳川靈怳效

順水德固難量何夕成瀕洞經時害兩陽蛟龍[illegible]
蘐略舟楫半披猖近市多飄瓦濊涉總沒檜漁[illegible]
聲嗷嗷鮫室涕浪浪萬馬長河壯千帆大澤[illegible][illegible]
吭三輔震愕腹六、卑匪帝調疇能乂公爲庶所[illegible]
鸞書方痛切熊節敢相徉平土玄圭命登山[illegible][illegible]
藏鋪筵瑤作瑱釃酒桂爲漿海若連蜷望河[illegible]跋
庖强噫乎雲漫漫可得去荐荐未謂新渠易其如
故道殃良圖宗賈讓碩畫踵平當眷鍾諸州[illegible]燕
蘇五道糧萬夫聲洶湧百吏狀譸張避地開[illegible]懷

陂山鑿大荒淇園輸萬竹渭水出雙璜澤國三徂
暑河堤四履霜雨行風淅瀝露宿月荒涼乘橇纜
塗足韃省問裹瘵時煩蒼水玉躬御紫游輜艀憩
思何助吹塤和不防巳成開馬煩胡乃遇羊腸[illegible]
石心雖轉含沙道豈傷人焉俱諷議公也獨[illegible][illegible]
十二疏清濟三千激吕梁漕舟胡瀆瀆河水舟楫
浹粳稻充天府枌榆護帝鄉楚包來橘柚越籬[illegible]
璆琅浮磬登淮浦孤桐下嶧陽連旌廻六鷁疊[illegible]
震雙鶴竹箭乘流駛桃花逐水香川光明錦纜[illegible]

色動牙檣岸草蕭蕭白汀蘆瑟瑟黄津亭遥不斷
驛閣更相望罨藹圖淮樹分明楯汶篁新畬烟漠
漠稔歲室穰穰國旣成溝洫民兼足稻粱賽神沉
馬璧築闕象龍堂漢隗王尊節秦虡鄭國塘一朝
通甃冀終古奠徐揚作舍謀應破盈庭議乃裹藏
書封宛委畫閣勒旂常力竭身其瘁勞深報未償
無論升粤偶有以潤縹緗憶昔鍾庚昂然起豫
章垂天凌鳳翥振海壓龍翔道解寰中趣談傾懷
下場文章追兩漢翰墨俯諸王楚璧連城價隋珠

照乘光風猷洵駭厲器度展汪洋射策趨深殿持荷步廣廊聲華人綠鬢閥閱世青箱試政名城宰蜚英畫省郎歕沙轅歷塊切玉劍垂芒閩海常公化河陰召伯棠三齊崇岳牧七命備珪璋大國行風俗中臺布紀綱夏祇思扇暍祝歲試吞蝗望野颸猶赤攣帷鬢欲著非因勤賑貸安得慰流亾莊斗囘星履東人宿繡裳方齊祠漢相學壘社庚桑藻火庸匡舜鹽梅實佐商九流欽水鑒百辟式燕宗自錫虞廷瑞因違漢殿觴維新承歷服[illegible]

力畏罔度登元老殼憂侍御牀六符光太紫八座
列文昌玉燭輝無斁瑶圖鞏未央精忠孚嶽扆孤
立抗銀璫砥石千鈞力兼金百鍊剛巉巖兼土壤
泱漭納汙瀆座有陳遵客奩無陸賈裝功崇心逾
下道久力方將御廐騰騏驥天池沐鳳凰家聲知
粲曜神理固昭彰賤胄生無賴孱資少不颺垂髫
操誦簪束卷侍門墻推食家闡禮趨庭子弟行如
天何以報矢日耿難忘久矣虛燕價蕭然滯魯狂
吹噓欣化日斲削謝爲宗豈有光冲斗應無穎脫

囊鑄顏懶上第報陞巴荒莊忝載蘭臺筆曾隨輊
浦檣河渠馬敢續聊似播餘芳

河成還朝十二首　李維禎

何年玄武赤符開砥柱中流萬壑廻莫訝禹功今
可續司空原是濟川才

一自澄潭鎮石犀翠屏紅樹擁金堤榮光萬里遍
淮泗流向仙陵作彩霓

綿纜牙檣百萬艘波光一望接天高黃熊爲解崇
侯憤白馬翻憐漢使勞

千山月色浸平沙岸芷汀蘭簇晚花銀漢廻瞻天
北極仙郎從此泛星槎
匣裏寒光躍太阿蛟龍無數匿深波只今津吏逢
迎處夜聽鳴舷鼓棹歌
宛委山頭駕使車玄夷親授石函書河清欲待千
年後不似功成二載餘
千尋竹箭排雲下萬疊桃花蔽日飛却憶當年王
剌史乘隄猶賜漢金歸
問俗三齊撫畫熊羔羊名節遠相同神河似解朝

宗意一夜驚濤向海東
狂瀾豈借蘆灰塞洪水翻嗟息壤堙不是司空疏
鑿遍何緣貢賦接天垠
懷襄復抱傚予憂淼淼東秦十二州一向淇園輸
竹揵萬家煙火傍青流
一沉白璧通神貺遂有玄圭錫帝恩闢道黃河全
似帶好從西壯望崑崙
三門九曲勢如狂此日安流一葦航應有河渠志
太史負薪郄愧自宣房

治水功成頌　　周天球

粵惟九年之水不免於堯時四載之乘方底乎禹績隨山濬川之大計難微近功樂成慮始之異情易滋浮議啟保乂殺邦之說雖挺生于天資高勳勞王室之旦必上結乎主知由是聿修袞職恒事夫長永貞固之圖肇建禹功多出於震疊艱虞之後爲臣不易治水尤難值展也大成成之後播穆如清風之頌此球於大司空兼御史大夫鎮山朱公不能已乎言也公吉州名閥族望冠冕於明時降

岳英姿家學范型於綺歲淵角山庭表回賜之頡
興霞蒸雲蔚肇揚馬之芬華文行夙成寅恭自靖
以故結髪升朝巳勝袁粲之服乘軺歷宦屢顧呂
虔之刀所至屏塵垢獎風流覃仁恩宣德意海内
企佇而思覩莫不壯而于人宗廷中簡注而柄用
游以左虛乎台席任之作鎮以保釐中夏二之典
銓以黜陟群品此亦發揮蘊藉受知宥密矣維時
玄冥不競河决壞漕天子軫念申命擇賢適公[illegible]
肩惓而將南特遷之司空以董事爰乃[illegible]

[illegible]覽河渼手疏請賑稍安魚鼈之張躬勤吐握不遺芻蕘之議於是改鑿新渠斥遠洪水始南陽訖境山踰夏村道留城計程二百有奇役衆二十餘萬分疆授工嚴程倍餉布列庶職各有司存圭表樹而淺深測畚楬具而輪運犒格賞懸而庸惰勸方藥溥而瘓疾起濬導開鑿之興施堤堰版鍤之畢舉泥于塗足胼胝未必勝其勞蚤作暮思寤寐勿遑安其處狃沛上之渠當復者無隣國之可壑疵三河之沙必淤者遂截流而置壩神無滯用殫

賡想丁千秋書必可行屆長策於二賈兩堤蜿蜒猶龍之游百泉灌注猶餓之建山陵泯懷襄之患轉運釋飛輓之勞峨峒巨艦逮一旬而竟度遐邈職貢越重譯而來通淮沂其乂修禹迹於降割之年汶濟攸歸復宣房於元朔之世歡聲載道頌言盈耳功百爾于負薪勛允符於鑄鼎斯其實也而非倖也或者肆爲無憚之辭撓我垂竣之績跋胡云厲而几几之安不渝萋菲再陳而休休之容益著後人言之三日告河工之大成天子明聖褒以

温綸褒以宸翰元首股肱再覩明良之嘉遇奄爾
魚藻丕章歌詠之寵光豈非增盛舉于熙朝彝儀
音于縣代者哉球琛以筆札從事良於觀記甚懋
竊謂公通達國體靡恃聰明之遠也許與氣類
包含荒穢度之大也推心卹眾賈力懋功仁之廣
也服勤無方匪躬之故忠之篤也再冐非構不為
沮喪養之固也帝心感悅人神攸贊誠之至也爾
以寵利不居成功德之盛也是雖載籍所述銓品
所歸未能群懿皆萃景燿自嵗有如此者嘗聞江

漢常武之詩方召炳南國之烈河渠溝洫之志遷固擅良史之文牛馬下走不嫺於辭燕雀微知敢述爲頌頌曰維堯峻德天仁愛之洚水時警帝亟凬洛微禹曷克治於穆我后治登陶唐水德戾常决于徐方民乃用弗康方域時獻軍國廣儲匪漕罔濟遂樓可虞矧襟喉之區后軫厥衷若切于痌顧諟近弼疇克我庸特簡命于公翼翼朱公眷國著龜濬明九德憲章百揆維命之克綏再拜稽首敢不祗承星言夙駕水土是乘非禹服弗繩鑒空

匪圖掌故是諏思人神契畫先師謀爰新渠之

渠之從新元命是營帑非爾靳役敢不程豈貪夫

之成協和億衆導河及泉何鍾非深何鋔非堅何

防之弗宜取逸于劳取通于漸混混厥流孰非心

思以盡瘁為之蛾眉召妒貝錦興讒葆貞凝定履

虎若恬罔卹疾之嬻祉集經德神聽靖共不後不

先三月竣工我漕以大通雲帆如鱗濟不遠自沛

澤萬里濯沐群綸奚復虞其湮旗轉坤軸謠美平

成府事悠賴蕩析救寧洋洋乎頌聲僉曰河徙

之無良寂寥百代疇策無長惟公善其方亦曰是
渠成豈在人我后聖明簡知純臣不貳于嚚嚚宸
章爛發賡歌之風以雅以南檣諸聲宗亦四方是
同盈虧朗鑒作德日依不矜不伐不技不求莫量
其悠悠茂賞或褫崇爵易移惟此駿功令聞日馳
與江漢同之江漢蕩蕩源遠流長我渠同歸亦永
有光與公壽無疆

沛河道中

萬頃桑田水橫流輕帆短棹陸行舟田家盡作漁

家司鐵石驚魚寮網收

波光瀲灧月娟娟一色遥連萬里天擊鐵魚舠聲振埜使君終夜不成眠

中秋夕沛河汎舟　王世貞

玉鏡中天樹金波大地流河明千樹色秋滿萬家樓迥奪魚龍卧平添烏鵲愁蔽園盧女瑟應復問刀頭

萬里人初半三秋月正中天清涼似水江澗靜還風玉借蓬萊館珠懸碣石宮詩闌沛兒唱猶數漢

皇功

淮泗道上　　屠隆

黄雲出芒碭落日□一登臺我歌大風曲遂有大風來

境山道中　　吳濬

水帶漁村濶山連古戍□□□自高下門巷各□東崖蒸雲濕船窓遶日紅今宵有詩興試問阿誰同

登高郵昭慶寺　　周天球

喬樹陰能合荒臺瘁更移風來廣漠冷月出破雲遲對酒難良夜忘憂得少時玄言坐相洽已託使君知

高原寺和周公瑕韻　　劉　贄

落日消炎景陰從雨樹移咽風蟬噪急翻月鳥歸遲庚亮登高夕周顒愛佛時相逢喜同調微語得深知

薛城　　薛　瑄

纔過古滕國還瞻舊薛城分封遺壞堞列爵但虛

名冉冉春烟淡悠悠野水清望中今古意信馬獨
含情

又　徐文博

西去官橋舊薛城城中百畝春田平三千食客皆
塵土十二侯邦孰戰爭林鳥有聲應吊古汀花無
語自含情千年野廟荒碑在行路猶能說姓名

荀卿墓　李華

古塚蕭蕭鞠狐兎路人指點荀卿墓當時文彩凌
星虹此日荒涼卧烟霧卧烟霧愁黄昏蒼蒼荆棘

如雲也野花發盡無人到惟有蛛絲羅墓門

留侯墓　胡儼

辟穀何勞緑萬鍾功程志就却辭封分明古墓埋
青草始信空言托赤松

又　徐惟賢

辟山迴合閉英雄披棘還來認舊踪石徑殘雲留
短履墓門斜日列深松遺（運）籌本為韓仇出辟穀終
辭漢爵封千古九原如可作高風邈邈定誰從

匡衡墓

名冉冉春烟淡悠悠野水清望中今古意信馬獨
含情

又　徐文博

內去官橋舊薛城城中百畝春田平三千食客皆
塵土十二侯邦孰戰爭林鳥有聲應弔古汀花無
語自含情千年野廟荒碑在行路猶能說姓名

荀卿墓　李華

古塚蕭蕭鞠狐兎路人指點荀卿墓當時文彩凌
虹此日荒涼臥烟霧臥烟霧愁黄昏蒼蒼荆棘

如雲也野花發盡無人到惟有蛛絲羅墓門

留侯墓　胡儼

辟穀何勞緑萬鍾功程志就却辭封分明古墓埋青草始信空言托赤松

又　徐惟賢

辟山迴合閉英雄披棘還來認舊踪石徑殘雲留短履墓門斜日列深松運籌本為韓仇出辟穀終辭漢爵封千古九原如可作高風邈邈定誰從

匡衡墓

埋玉此山側金聲動漢廷認蟬冕入相風雅擅傳經日綏花空落年深草自青獨來式故里彷彿見儀刑

蘭陵秋夕

碧樹鳴秋葉芳塘歛夕深漏長稀箭刻樓迥逼星河候鴈迎霜草啼螢傍月夕懷人不能寐彈鋏起高歌

觀許池泉　王瑛

蒼波百竇沸清流静抱山城十里秋雲日忽遥川

上思乾坤舊負濯纓謀

樹裏靈源秋亦深瀠洄遥曳萬巖陰擷芳已自憐清洽汲泠真堪淨客心

春日遊許池泉　趙　衙

落日許池上春風嘉樹林繁花茅屋映高柳鶯塘深迴野烟華膩亂山空翠陰坐來頻啜茗幽興獨能禁

舟度新河二首

尚書劍履出蓬萊北斗星華耀上台萬國梯航輪

貢千隄花柳向人開鴻勳迥邁龍門鑿寵錫遥
分鳳闕杯此日九重方側席知公端有濟川才
山翠巖邐連碣石河流翕順接瑶空浮槎忽訝三
秋盡抵拄真令萬派東錦纜牙檣行色外綠楊青
鳥畫圖中詞林知有河清頌真把平成擬駿功

又　　立齋雲

瓠子懷襄警帝衷龍門砥柱獨司空三秋璽馬挑
花下萬國樓船竹箭中玉簡久埋蒼水使玄圭近
錫大明宮可知漢主論封日百戰猶輸轉餉功

歌風臺

文天祥

長陵有神氣萬歲光如虹有時風雲變魂魄來沛宮壯哉遊子鄉一覽萬宇空擊筑飛復隍帝業愼厥終重瞳愛梁父此情豈不同錦衣絢行晝丈夫何淺中細懷首丘意自足分雌雄尚惜霸心存慷慨懷勇功不見往年事烹狗與藏弓早知致兩生禮樂三代隆匹夫事已往安用責乃翁我來湯沐邑白楊吹悲風永言三侯章隱隱聞兒童葉落皆歸根飄零獨秋蓬登高共悽惻目送南飛鴻

又　揭傒斯

萬乘東歸火德開漢皇從此宴高臺沛中父老謳歌人海内英雄倒載回湯沐空餘淸泗在風雲猶似翠華來穹碑立斷蒼烟上静閱人間幾劫灰

又　羅坤泰

翠華遥指故鄉來隆準高歌亦壯哉海内風雲三尺劍沛中烟雨數層臺斬蛇空灑秦靈淚戲馬長憐楚覇材二十四陵俱寂寞古碑猶自枕蒼苔

又　程敏政

灣渠還家日歲生泗水前楚歌聊復爾漢業已茫然徐雨苔花亂斜陽樹影偏一臺戲馬相望亦千年

又　　唐順之

我來擬上歌風臺豈意臺空只平地琉璃古井亦崩塌斷碑無字苔蘚翳當年此地誇豪華富貴歸鄉多意氣枌榆社裏列黃麾泗水亭前張赤幟里中父老競來窺昔日劉郎今作帝共談疇昔帝一噓季固大言少成事椎牛張宴里閈空進錢今甘

幾萬計坐中只帶竹皮冠衆裡長呼武媢字酒酣擊筑帝起舞樂極歌殘更流涕游子誰不悲故鄉萬歲吾魂猶樂沛賜名此朕湯沐邑世世用疇免租稅風起雲飛又一時往事蕭條復誰記樵人不識斬蛇藪行客還歸貰酒市臺下黃河盡日流滕息入間幾興廢

又　　屠隆

漢家湯沐舊山河宫樹臨淮接夜波明月可能鑪

雲秋邑多萬歲歡娛歡不足平沙輦道此經過

又　　沈夢麟

孤舟入沛夜如何況復登臺感慨多龍虎已銷天子氣山河元入大風歌九霄霜露凋黄葉五夜星辰下白波獨有當時三尺劍至今光在未全磨

沛上懷古　　顧璘

漢祖還鄉歌大風高臺提劍氣成虹關西父老三章約垓下山河百戰功秖見枌榆生故社還教雞犬變新豐經過又是高陽侶醉折桃花薦醽紅

夏鎮漕渠志畧下卷

都水使者瀨水狄敬編輯

夏鎮志

夏陽之初沛之東一村集也新河旣開水衡分署從沽頭遷駐于茲輓輸通道冠蓋假途舟車絡繹遂稱貢賦咽喉要區五方射利之徒歸之如市商賈駢集百貨充牣于是遊者逐末而操奇贏居者務本而攻耒耜熙熙攘攘號爲樂土屹然成重鎮焉部使者以問水之暇築書院聚

生徒談經課藝以佐文教一時人士翕然從風更彬彬質有其文矣迨蓮妖肆熖鎮不能支人民燬于鋒鏑廬舍殃于一炬昔日輻輳之盛變爲榛莽之區即涖茲土者不乏名賢爲之撫摩其瘡痍招來其行旅而登高遐覽興會所至終不勝吊古傷時之慼焉陵夷至于崇禎末年庚辰辛巳閒蝗旱頻仍弄兵輩起一壞于窐黨再壞于榆賊西震動于湖陵東蹂躪乎虎寇數十年來民不聊生鎮餘焦土矣會

大清定鼎幽燕循明轉運舊跡雖飛芻輓粟道里
無阻而蕩搖焚掠殆無虛日
今上八年誕彰天討餘氛肆靖孚佑所暨人物昭
蘇農闢先疇之隴畝工紹高曾之規矩士棄學
劍而絃歌商賈望風而謀子母夫非大定之徵
歟敬以庸劣備員兹土遭時多難弗克有造惟
是嘉與休息而不忍擾之邇年流徙日歸戸口
漸增按册編甲得戸三千有奇較初至時寥寥
孑遺不盈百之二者可不謂盛焉所望捍禦與

利爲國家重本計爲民立命議衛漕衛民遷久
安之策者毋亦增築石城爲當先務云
夏鎮西南去沛三十五里東北去滕七十里河在
兩邑之間而鎮則全據夫沛矣經始自嘉靖丙寅
舊無城萬曆丁亥咸寧楊信翀爲土堞外週以濠
而不通河崇禎乙丑餘姚朱瀛逵建兩閘以通之
其西南有護城堤葢未有城時萬曆巳□主事王
頻所築也城之東卽漕河夾河而居者可千有餘
戶夏鎮閘卽在會景門外過閘而東有一衢出□

田里集居民亦不下千餘戶商賈輻輳舟車鱗集南北之物貨皆備附近州邑多資之其莊爲戚城泇河判及滕管河簿之署在焉又北爲楊家集爲三河口爲桃陽寺又北爲曲防集爲宋家集其西里許爲劉村又十餘里爲姜家口又十里爲鴻溝其西北二里許爲高村又十餘里爲滙子里爲邵玉集其南爲李家港口又南爲呂壩爲滿家閘又南爲南莊是留城舊河道也過此則大小昭陽及微山諸湖之水一望無涯矣其東南爲冢子里八

里爲劉昌莊其北相對爲絡房又東北爲白塚爲東邵此夏鎮之郛郭也

鎮城每面各二里其四門各有樓東曰見泰西曰瞻華南曰延慶北曰拱極東以臨河特多二門曰洪濟曰小水門然以土垣日久就頹天啓丙寅郎中豐建欲易之磚而力不能特爲築三十丈爲文殷殷望之後來者其中爲衢四而惟見泰門內爲最喧爲市三而惟洪濟門內爲最盛其由會景門穿南北衢而西者則分司涖政之署也

分司公署隆慶二年戊辰主事陳楠所建中爲大堂五楹後爲穿堂三楹又後爲中堂五楹本堂東爲賓館西爲書房前爲儀門爲大門門外列三坊西曰北餉通津東曰南漕鉅鎮坊之外有官廳三楹後爲宅有寢有樓有廂房有內書房有廚主事石炬又建賓館于大門西寬廣通計地一十八畝本部尚書雷禮爲之記敬受事又剏建堡樓三楹西北東南二隅各堞樓一于後圃亦有記其文並見藝文志

沛管河主簿署在洪濟街北

夏鎮閘署見泰樓南東臨閘

夏鎮公舘今爲河防行署舊管田倉改有堂三楹

有穿堂有後堂五楹有廂有廚

皇華亭在會景門北爲往來使客駐節之所內有

大學士徐階新河記周天球書碑

鎮山書院在會景街內分司公署之東鎮士民築

以俎豆始開新河明工部尚書朱衡首德因命集

士子延師儒肄業于內辛巳之亂大堂及儀門圮

燬止存大門後樓廂房併後房門前有坊曰崇德
報功見存
沛縣倉在小水門內
豐縣倉在小水門內河防行署之東
泗亭驛泗亭夫廠署俱廢驛廠官權受事于城北
崇勝寺
津渡則有會景門元君祠馬頭渡皇華亭前渡洪
濟門渡李家港口渡以及界牌口戚城南門楊家
閘三河口桃陽寺珠梅閘姜家口李家口鹿家口

荆家口西灣彭口漸家口郗山韓莊以下各閘俱
有渡而韓莊之渡爲南北通道尤稱要會焉
橋梁則有夏鎮閘大橋城河南西北三橋東西上
下城河閘橋夏鎮閘月河上下橋月河中平政橋
戚城浮橋薛河口鎮遠橋三河口利涉橋彭口三
洞閘橋張莊閘上鉅梁橋
演武場有廳三楹地一區在北門外
義阡一在鎮城外西北隅一在鎮河東派廠側

形勝志 八景附

觀天象而別分野披輿圖而識疆域帶山礪河設險固圉以言乎都郡也夏陽于域内太倉之一粟耳寧得以形勝稱乎然自新河旣開四海鴻濛萬艘鱗集洵朝宗會極之通道也溯自建置以來河凡數變世亦一更而民力胥將帝居永拱益奠萬年之基矣爰是天府既載其名簡書亦重其地而壯接兖濟南控淮徐千里之内得云要害焉顧平疇曠衍外無名山大川之足

恃內無崇墉深塹之足守彈丸之堡襟昭陽而帶運河連滕嶧而逼山澤無事則魚鹽樵採固神臯隩區之足誇有急則萑苻綠林又依山阻水之可慮也苞桑未雨之謀可不豫歟

徐州屬奎婁胃 史記

自奎五度至胃六度爲降婁于辰在戌魯之分野屬徐州 晉書天文志

豐沛負南河陽氣之所布也爲房分 唐[illegible]文志

[illegible]自奎二度至胃三度屬魯分兗州 明[illegible]

[illegible]天文分野書

今海內郡邑志例先星野夏陽屬沛彙隸滕[illegible]

故徐兗之分得並識之

吞大海吸黃河招岱宗引梁父　余繼善

萬艘命脉七省咽喉　豐建

左栢山之朝拱右泗水之環旋前龔沂峄後連滕

地呂拱辰

縱連徐沛橫帶鄒滕去曲阜不二三百里而洙泗

之流寔汪之當春秋時其必爲仲尼轍環之地矣

舳艫臣

控南北之總會爲利涉之通渠凡京師之所仰給

漕司之所輸將出于東南者莫不藉以通行而𧶼

乎天府　吳昌期

微湖曉日　見川源志　　彭口新泉　見泇河志

夏閘帆檣　見夏鎮志　　官樓夜月　見夏鎮志

韓莊雲漁　見泇河志　　郗山歸牧　見山川志

高寺雲鐘　見山川志　　昭陽烟雨　見川源志

風俗志

夫觀于鄉而知王道之易也故皇民淳悶帝民熙皞論世者每于窮鄉下邑家庭里巷之一言一事而深世變盛衰之感焉夏陽四方之所宅則亦四方之俗也然其始也見異而遷旣也習與性成矣爰是有爲三變之說者謂未有運以前其人朴而愿有運之後其人文而靡今則佻而詭盖愈趨而愈下焉所恃振頑敦薄以臻一道同風之盛不有待于其人歟

吳楚之失急疾顓巳地薄民貧 漢書地里志

賤商賈務稼穡尊儒慕學得洙泗之俗 隋書地理志

當南北通衢四方之民雜處其間日漸奢侈頗尚勢力挾臆氣相高 沛志

附

冠 不行冠禮

婚 親迎後一日婿謝于舅家置宴花幣鼓樂導婿歸 嫁女之一日二日女父母暨親黨各具[illegible][illegible]女 三日發迎女歸于陳粧[illegible][illegible][illegible]返[illegible][illegible]

婿女送女之婿家

喪　多供佛飯僧　喪家設酒食宴吊客用樂

祭　不立祠堂重墓祭

病不迎醫信巫覡

俗不務積蓄穰卽競市車馬被絖綺一遭荒歉有枵腹不支者　好稱貸商販者多緣是以大其貲

尚賭博無賴子三五成群不事生業日藉此以供衣食多挾四方之人而爲之囮三尺之所不能禁也　信鬼神居民多跳滄浪神以問歲時之休

咎麥成後咸醵錢以祀東嶽　近頗嚮學田舍翁畝收數鍾郎知延師教子第四方遊學者衆子弟無嚴憚師道不尊

元旦五鼓畢起具服祀天地祖先子弟拜其尊長家衆以次第拜畢隨出遍拜其親友　上旬婦女羣爲鞦韆戲云以祓除災癘至望日解其已出嫁者則各歸寧　元宵燃燈　十六日婦女請厠姑神問豐凶夜則羣聚過橋以禳病　二月二日家具煎餅以食　清明前一日築墳是日插柳於門

墓祭其祖先婦女偕往　穀雨書符禁蝎　四月一日鄉社婦女無老少遠近咸爭赴東嶽廟燒香　八日僧尼浴佛婦女詣菴寺施錢米　十八日婦女多詣天妃廟燒香　端午插艾炊角黍小兒佩綵索黃冠者則書符以餽好事者　六月六日曬衣　七月十五日詣墓祭其先人　八月十五日設瓜菓祭月　九月九日登高　十月一日祭墓有剪紙爲衣以祭者曰送寒衣　十二月八日雜米豆爲粥以食曰臘八粥　二十四日用菓酒

糖餅祀竈　除日換門神釘桃符插青竹夜多燮

婦云無忌諱

山川志

君子過都歷邑則必徧詢其山川名物非徒以侈聞見也蓋登高而賦臨流而思遠情逸興每一往深焉新迦兩河俱平地上穿圓導諸山之源以成川者也故乘流上下倚舷矚眺南則水天一色嵯峨數峰如雲如物北則遠山帶野盤欝萬重或屏翰乎漕渠或灌輸乎水利而考以方名而不對問以出入而不知亦備官之所恥也今特列而志之既詳川源于前復表諸山于

此以庶幾于禹貢導山導水分記之義顧滕嶧以山爲邑綿亘聯絡周羅境內悉數之不能終亦土之人所不能名爰姑載其爲諸水之所出所經者以備考覽焉耳

栢山距夏鎮十五里南明河經多石土人資灰窰以爲利上有玄帝閣照山一名趙山栢山南

壇山形小如壇故名下有黃溝泉入泇河

微山微湖中望之如翠雲水上

漷山泇河北岸對郗山湖呂孟山呂孟湖中

龍山界河出北沙河經山勢起伏蜿蜒狀如游龍故名上有泉曰聖井水甚冽禱雨輒應或以穢物觸之即濁人自訟其過復禱之即生以其靈應故又呼靈山焉東五里為谷山以穴多玲瓏虛谷故名有聖水泉

染山界河經此納聖母池泉瀦為温水湖

蓮青山沙河出有二西蓮青山絕頂兩峰揷入雲漢者為蓮花峰巨越峰東有杜前溝東蓮青山巋然如屯雲上有九十九頂前有玉女池俗傳紀玉女修道于

此故名紀王因築城居之故亦名為玉女城也後有水簾洞天麻港鑽犬溝馬蹄崖南有瓦家峪東有桃花峪峪遍是桃花每春水出澗浮帶桃花彷彿桃源仙地也黃約山山巔石裂尺許下探無際每雲出如烟是為雲谷東為樓山巔有井泉皆涉河所經燕山西沂河經有泉望之如拋練下有胭脂溝水常淡紅如桃花色太白山東沂河經有瀑布稍西為仙姑山以柴仙姑修真于此名也仙姑上人云是柴世宗女宋太州人亦變姓名居此為女道士

後人譏之因呼爲柴皇姑仙去俾亦云

沭山㶚河出上有寨四面皆絕壁惟東北一鳥道爲土人避兵之所

巉山有兩泉對出落崖下若兩龍競逐亦奇觀也是爲石溝水

連珠山峰峰相連者凡九故名下有泉曰龜步水

鳳凰山沙河經此納龜步水其中峯獨秀而兩峯稍蹲如肩翼故名

華蓋山沙河經此納石溝水山三峯相連如張蓋

故名

寶峯山薛河出北有龍峪西有洞玲瓏多鴿久爾則石孔皆泉一孔小僅容針而水霤穿石如線亦奇也西又名馬山則寶峯山西首耳南有泉西流爲鳴水河西有石溝溝有車箱淵俱入漷

薛山國名因于水水名因于山西江水出寶峯山尚微至此而大故名薛河東面皆峭壁名悟薪巖有泉曰茶泉入薛河東爲高山登之四望則衆山如兒孫羅列襟帶間以其高故名高山也

胡陵山東江水出豊山薛河經梁山南明河經
陶山薛河經此受衆流瀦為刁潭。
奚公山有新開支河薛河經此會白河入泇以上山俱
屬滕縣
茱萸山徐州上有九十九頂有九十九峪下有寿
聖泉方徑二尺許水湧如沸西流曰泉河經韓家
山入泗
君山一名抱犢山西泇水出述征記曰承縣君山
有抱犢崮壁立千仞去海三百里天氣澄明宛然

在目山上有池深纔數尺水旱不增減平田數頃
昔有隱者王者抱一犢于上耕種後遇異人仙去
故名漢曰樓山魏號仙臺其高九里週四十里
車稍山寰宇記作花盤山滄浪淵出此左峯山在
其左右峯山在其右故又名三峯山
灵峯山滄浪淵経裴山滄浪過此會許池泉
青櫃山以多產青櫃故名一名雷峯東西兩山排
拱中有清泉流亂石中達山一逕縣南會承水入

石屋山山麓有流泉為小瀑布夏月雨餘噴吐如雷人坐其旁即大暑須臾冷侵肌髮泉亦入丞水

馬頭山在石屋山西山崩壁立如削從旁一鳥道達其上岩有一洞可容数人絶嶺有二池水旱不涸山東有一泉名龍塘東流會青檀山水流入嶧南蕭橋河達泇東為空窟山幽窕多穴空窟故名

圓山石可為磨上有圓山寺

白茅山玉華泉出大明山覇王山俱有泉入泇

龜山韓莊湖中形如龜浮水面故名

桂子山 通志悮為桂子山永水環流其下 舊名葛
嶧山下有葛村按孔穎達疏禹貢謂下邳之西自
有葛嶧山嶧陽孤桐非鄒嶧山及觀王氏詩傳云
鳧嶧二山皆徐國地繹如嶧同李迂仲詩解曰保
有鳧嶧之嶧即禹貢所謂嶧陽也嶧在禹貢為徐
地更當下邳之西土故多桐爰慶封疆當是其地
余不敢知俟博雅者辨焉
黄爐山葛嶧山西南山多銅 顓頊脩皇帝之政采
葛嶧之銅鑄鼎以藏天下之神主即此 見路

馬山泇河南形如奔馬故名明河出牛山泇河北有泉南流入泇

鐵腳山東江水經巖畔有洞可容數十人山頂險絕舊名陳魁寨繚以周垣狀如壁壘旗竇春臼星布其上蓋元末兵亂土人糾衆自衛之地

望仙山高峻莊嚴如人端坐垂兩手據膝狀丁公山峰亦奇秀狀若峩冠與望仙比肩按丁公薛人常避難于此故名

綠連山白山俱河北至河二十里黑山河南至河

山川六

七里
銅山鐵山俱河南臨韓莊湖
鑄錢山河南至河十里
黃丘山河南至河十里舊傳有黃帝壽丘在此山
北按路史黃帝都彭城此地隸徐疑是
皇母山河南至河二十里本女媧故蹟俗訛爲王
母山巳上山俱屬嶧
境山內華山俱徐州舊運河東岸境山閘內華閘
以此名

附

高原在高村有土嶺自東北來曰扶風嶺至此巍然而高若龍之昂首上有昭慶寺

龍化堌夏鎮西里許雙丘對峙

黃丘戚城北高七八尺方廣數畝丘四圍屬滕獨丘隸沛

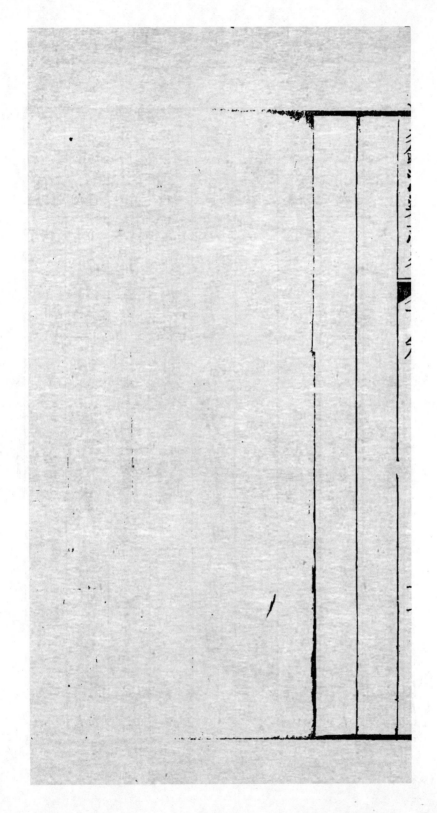

古蹟志

夏陽隸古滕薛地其會盟征伐載於春秋者蓋一書亦玉帛兵車之場也又與豐沛相望爲赤帝子龍飛舊郡一時將相崛起雲蒸霞蔚總萃出芒山碭澤之間宜有古賢豪遺蹟焉雖歷代屢更陵谷變遷金石之遺文已滅故老之傳述無稽而单詞隻字見於殘丘廢隴者又烏可不志而存之以備考古者之尋覽也

泗上亭即漢高祖爲亭長處班固作碑今莫可考

矣
歌風臺在沛城南漢高祖宴父老于此
大風歌碑歌風臺上字悉篆文長徑尺濶八寸相
傳蔡中郎書
廣戚城在漕壯岸與夏鎮城金崎即漢廣戚縣屬
徐州彭城國者俗以爲漢高帝寵姬戚氏所生豕
知何據然戚姬自是定陶人今有戚姬村
留城即漢張良所封處內有留侯祠唐劉長卿有
詩云訪古此城下子房安在哉白雲去不返[illegible]

空崔嵬昔伊楚漢時頗聞經濟才運籌風塵下能
使天地開蔓草日已積長松日已摧功名滿青史
祠廟唯蒿萊百里暮程遠孤舟川上迴進帆東風
便轉岸山前來楚山澹相引沙鷗閒不猜扣舷從
此去延佇仍徘徊　宋邵雍有詩云滅項與劉如
覆手絕秦昌漢若更棊卷舒天下坐籌日鍛鍊心
源辟穀時黃石公傳皆是用赤松子伴更何爲如
君才業求其似今古相望不記誰　元陳孚有詩
云子房王佐才其風凜如雪天遺鶴髮翁圯上授

寶訣博浪沙中三尺鐵祖龍未死膽已裂況此喑啞扛鼎夫不直秋風一劍血談笑帷幄間六合雌雄決卵金四百年只在三寸舌但恨漢德非姚虞不能身爲古稷契雍熙至治四百年豈肯脫冠掛壯闕留城古祠今千載碧蘚滑雨眠斷碣我恐至人或不死尚有笙鶴擁玉節酌泉採菊往奠之回首芒碭墮山月

湖陵城漢章帝封東平蒼子爲湖陵侯卽其舊地

茶城舊河所出口處 輿地志以爲古崇國兗州志

曰垞城今皆誤作茶

薛城薛河北周二十八里古奚仲國孟嘗君封此內有禮賢館其養士之所也

驩城新河北通志云世傳齊大夫王驩食邑

昌慮城薛河經亦曰濫城左傳邾黑肱以濫來奔卽此後漢建安中置昌慮縣

靈丘城明水河南通志云齊下邑卽蚳鼃所辭者正義引蔚州靈丘縣彼係趙地在雲中非是

堌城馬山後城半爲明河所圮近于河岸塌出一

碑書悉隸文曰余聞湯武千載周孔異世以義相
高况余天祿踐迹遵基竊慕揚善喟然而嘆其辭
辭曰於穆秦君命世優邁承祖皇[redacted]裔出署[redacted]紀
行錄功必本其初惟君總角勵志仲尼從容六藝
[redacted]佃田疇廾階英妙轉典蒸黎爲政崇博五教爺
和仁賢叙位法依蕭何囹圄空虛鄉無逋逃凡者
肅雍莫不率從境內既寧路不資遺耕夫千耦餘
穢不歸玄淸介自食茹拔葵三年有成嬰兒謳歌
鼓腹喜德踊躍嘔啼水靜魚集國富民繁戶增十

倍牧守孔嘉怒不斷刑寬不容非能准郛邵此圖
而飛永如南山不鈌不虧晷取大較冊書刻石垂
示後昆識者察焉此碑不載世次姓氏剝毀僅數
字識之按文義似頌牧守功德者所引用皆漢以
前事文字古質殆漢時物也而漢書地里志無增
城附載其文侯傳古者訂之
蘭陵城西泇水經古鄫之次室邑劉向列女傳載
鄫次室女倚柱而嘆即此漢置縣屬東海郡唐李
白過蘭陵客中行詩曰蘭陵美酒鬱金香玉碗盛

來琥珀光但使主人能醉客不知何處是他鄉按
楊齊賢李詩註云唐沂州丞縣本蘭陵
偪陽城泇河南古妘姓之國祝融之孫陸終第四
子求言封此後漢爲傅陽縣屬彭城
陰平城泇河北漢縣屬東海郡袁安爲陰平長即
此
鍾離城泇河南郡國志云楚將鍾離眛築
建陵城玉華泉經漢衛綰封建陵侯即此按括地
志云漢建陵縣故城在沂州丞縣界

逍遥臺薛城南十里孟嘗君廢歸薛築唐張九齡陪王司馬登薛公逍遥臺詩曰嘗聞雍門淚非直雍門琴竄逐留遺跡悲涼見此心府中因暇豫江山幸招尋人事已成古風流獨至今閒情多感歎清景暫登臨無復甘棠在空餘蔓草深晴光送遠目勝氣入幽襟水去朝滄海春來換碧林賦懷湘浦弔碑想漢川沉曾是陪遊日徒爲梁甫吟

孺子橋嶧縣西即孺子歌滄浪處承水經其下

許由泉土人訛爲許有泉按呂氏春秋云堯朝許

由于沛澤請屬天下而諸書謂由隱沛澤之黃城沛嶧比壤泉西南流入沛境此爲許由泉明矣

奚仲墓奚山下古奚邑地記云山有奚仲造車處輒轍猶存仲虺墓在其東滕志云土人呼灰谷堆者是也

子房墓一統志云在留城内今不可考後人以微山近留有墓爲子房墓又以山名微爲微子墓葬

按微子墓在歸德府墓前有廟唐賈至爲之碑

孟嘗君[illegible]塚在魯國薛城中向門東向門出

北遂門也酈道元水經註云冢結石爲郭作制[illegible]
園塋麗可尋今塋已開發內如宮室以銅鐵鑄鏁
扣之有聲堅不可動

巨衡墓泇河北近陰平城

高柴墓蘭陵城北荀卿墓蘭陵城南

蕭望之墓西泇水西二疏墓蘭陵城西劉伶墓西
泇水南以上僉見寰宇記

白冢戚城北雙塚三河口南相傳俱古貴豪之冢
今不可考

清風潭鎮城北門内爲烈女徐氏暨其女李氏死
處土人悲之潭因以得名
余行水山澤間往往得古人勝地輙悠然感興
昔太史公適魯觀仲尼廟堂車服禮器至低徊
留之不能去適長沙觀屈原所自沉淵未嘗不
垂涕信矣然率多由其土之人所稱述而載籍
無徵薦紳先生難言之今特據闗見所及而系之
紀傳擇其尤大彰明較著者志之他槩置弗論
輕信之譏尚其免乎

祠宇志

天子翕河喬嶽懷柔百神而海宴河清地靈天寶徵盛治之休焉此歩祀咸秩之典興大役建土封者所必虔也若乃功德之當崇報賢哲之宜俎豆而臨雍有釋奠之禮命寧有功宗之祀由來尚矣其自有司所建而外皆淫祀也然如來象敎率土皈依道德經傳玄風暢衍又愚夫愚婦之所以懾其邪心高人達士之所以寄其曠致者也昔旣有其成之今亦存之而弗毀可

巳
文廟夏鎮胡以有文廟則分司朔望瞻拜之所不
可闕者設二丁之祀中爲殿三楹前爲門後爲義
學主事陸檄有記
洪濟廟在洪濟樓西勅建以祀河神者設有春秋
祭有諭祭文東阿于慎行記
福神祠部署儀門外
王皇閣在見泰樓內址最峻登樓者由之而階也
朱公祠即鎮山書院亦設有春秋祭其西爲三級

堂爲茅公祠以祀歸安茅國縉菁雲間董其昌沛人張斗各有記

羲皇廟在主簿署西又西爲吕公堂爲土地祠

火神廟延慶門內迤東爲白衣大士閣

東嶽廟鎮城北迤西爲崇勝寺內有唐時石碑文已漫滅不可考諸祠宇惟此二區及羲皇廟最古其東爲三元宮

觀音堂清風潭上庄僧居之

碧霞元君祠會景門北有周天球記又北爲玄帝

廟爲陸公祠以祀常熟陸化熙者又北爲龍王廟
烈女祠連河南以祀清風灣烈女者西蜀楊爲棟
有記其後即烈女墓又北爲卧佛寺
康阜樓運河東祀漢壽亭侯廟舊在滿家閘南勅
建設有春秋祭曰洪廟水浸移置與洪濟樓夾河
對峙亦一偉觀也後有廣慶寺内有生生閣逸叟
覓廣土人避賊者多依之迤南有三官廟有華陀
閣
三清觀水火廟俱泇河戸南

地藏廟夏鎮閘東又東有延慶寺有接引佛寺
三元閣運河東迤北為玄帝廟其後有白衣大士
堂迤南有呂公堂
北田里集有火星三官元君三廟
戚城內有關王廟有大王廟有南極堂有文昌祠
有觀音堂
延慶門外有三義廟有白衣大士堂有元君廟
高村舊有廣福禪院久廢有金大定五年碑今有
昭慶寺

留侯祠在留城內今移置里仁集

三河口大王廟勅建有春秋祭其西有桃陽寺河之南有玄帝廟

楊莊有東嶽廟有玄帝廟而劉村之關廟呂壩之關廟觀音堂滿壩之大王廟南莊之三官廟滙子里之丁村寺驩城之福勝院東邵之慈雲寺珠梅閘之大王廟三官廟里仁集之玉皇廟栢山之玄帝廟彭口韓莊之大王廟皆得附載焉

人物志

夏與鄒魯相望子輿氏曰近聖人之居若此其甚殆庶幾乎雖去世稍遠而其餘風遺澤漸被獨深故粤稽前代沛鄫滕薛之間名賢輩出史漢所稱尚矣今無俟遠舉即斷自設運以還行能卓犖斯文彪蔚上之既能致身通顯翊贊休明以文學政事顯名于時次之亦能潛處巖穴特立獨善不失爲古逸民之流亞或慷慨赴義不難殺身成仁以迨耕夫桑女率知以志行自

勵意者先聖之教猶有存歟何風之盛也自壬戌之變被髮獨烈而天未厭亂饑饉洊臻盜賊蠭起民之迫于救死不贍者殆數十年于茲會際　皇朝肅清亂畧然流離死亾亦已過半土著大姓百無一焉其士人率多慕素封安家食其子弟僅守章句不志遠大非其性然蓋亦時勢爲之也以故德業不聞制科亦鮮鄒魯禮義之化洙泗之澤陵夷衰微矣於戲十室之邑必有忠信豪傑之士無待猶興彼矯矯者獨非[illegible]

士之人乎此在異世聞風猶足與起流俗況乎
生同地猶及見其行事者也

王守道字子行沛人眞誠無僞不苟取與以明經歷仕禹城盧江學博惓惓身體力行爲教束脩脯贄一無所受久之輒飄然賦歸閉門掃軌兩邑各志去思而禹城載之名宦

馬一化字元升沛人舉孝廉父早歿事母盡孝直指使薦其實學篤行而篤志終養屏迹城府所著有知非集聞見錄藏于家子出洴明經歷仕高郵

等學學博亦以文行知名

張貞觀號惺宇沛人由進士歷任禮科都給事中以亟請建儲忤旨罷歸泰昌時追贈太常寺少卿祀鄉賢有野心堂詩草二卷掖垣諫草四卷行世

張斗號紫垣沛人由進士歷任南京刑部郎中[illegible]多有惠政所在德之

王嘉賓號越峰滕人由進士歷官侍御副使陞廸衷不設畦畛而內勵名節故仕所按治皆斤斤遵[illegible]邑之民聞訃皆痛哭爲位哭之祀[illegible]

賢弟元賓號對峰成進士歷官侍御郡守所至有聲尤以文章字學知名于時所著有滕志茹芝園集詩經疏抄行世季利賓亦登賢書人擬之河東薛氏云

張大經號西滕滕人舉孝廉仕西鄉容城兩邑令性亢直不欲媕阿取容以故所至小民有思而權豪忌之容城故明忠愍楊公里也不避權相哭臨其喪召遺孤同其子學尤人所難子中鴻號雲洲成進士歷仕山西布政政事經濟有名于時

僎慶遠號樂菴滕人由進士歷官諫議敢言事勵
操守直聲震一時論奏不合即拂衣歸天性嗜學
不異諸生言行有度足以典型後進祀鄉賢
黃中色號守玄滕人由進士令河內治縣七載一
切公費秋毫不以取民惟縮產以供貲業頗裕擬
去過半清風高節槩可想也去懷之日老幼遮道
泣送車馬爲之不前陞吏部文選未幾罷歸居身
儉約僕從不曳長衣敝廬僅蔽風雨隻字不入公
門宰闔邑利病休戚必力爭之居喪以禮敦恭

以義寡交游日以書史自娛所著有名義考南華
註解管韓摘要諸書家貧未梓子昌年祖年並登
賢書孫家瑞咸進士涖任清介居鄉慈惠人稱[illegible]
乃祖風云

董國光號翼明滕人由進士歷官莊浪固原兵憲
邊功經畧表表一時陞開府延綏繕塞練兵開屯
清饟多所建明居家值蓮妖之變率鄉兵定方畧
佐當事卒殲劇賊其力居多

張宗孔號泗濱滕人由進士歷官平陽守端方清

絜興利除害不遺餘力士民稱爲眞聖賢

張彩號還白滕人由解元仕至南京刑部郎中以文章有名于時

曹應聘號覺菴滕人舉止嚴重議論慷慨弱冠即爲人師雅相稱也一時俊髦登賢書成進士者多出其門以明經歷官慶陽郡丞所在有聲尤留意獄訟聽斷如流祀鄉賢

賈三近號石葵嶧人由進士授庶吉士歷官巡撫保定兵部右侍郎文章經濟當時推重而孝友

廉其素性也居鄉敦睦貽家忠厚善詩文多撰述所著有寧鳩子嶧志等書行世祀鄉賢子梃襲廕梃子文燽登賢書

褚德培號嵩華嶧人由進士歷官侍御寛厚接物清操勵已立朝多所建明居鄉一循禮義從弟德壎由明經任刑部員外郎壎子光釗由明經見任工部郎中

陳永濊人嘉靖末奉母避水他邑會母病危永籲天曰永羈旅人也母萬一不諱棺歛且無貲願減

求算陵延母年母果得不死未幾歸沛母以天年終求朝夕負土成墳者三年已而定居墓傍日惟一飯至三十年卒

李三陽沛人年十三母歿廬于墓者三年有司上其事當道下令旌之

姜上桂沛庠生白蓮寇陷夏鎮避亂村居爲其村民所構父子被執罵不絕口俱被殺相國芝山陳公爲作傳見藝文志

張淑胤太學生其弟淑彥犯罪當斃有司奉上官

肯督求甚悉胤陰遣黨逆以身自任械[illegible]屬
所不試李免其弟
侯頴滕庠生妻李[illegible]其族人既從
逆因逼使附已頴夫如[illegible]不得免先促一弟三
女縊死遂自殺其庶[illegible]羅氏康氏僕妾文安小河
俱自縊一門死者十餘[illegible]烈建坊旌
表
魏顯昭滕人爲縣小吏白蓮賊[illegible]邑令姬文胤
被執胥隸僮僕俱散獨昭相從不去後姬死以柩

橋三十餘爲瘞其屍又護邑即以出河[illegible][illegible]史曰小
[illegible][illegible][illegible][illegible]婦人者也彼困阨囚繫之[illegible]長而以身
殉之[illegible]子何求爲且瘞屍護[illegible][illegible]有讀書知禮義之
所不能爲者人而如此豈得復以流品論人耶
潘登年[illegible][illegible]河東順治[illegible][illegible]歲至度不得脫登柱
洎母羅氏[illegible][illegible]氏妾張氏子立住俱投河死

列女

新河婦不知何姓[illegible][illegible][illegible][illegible]窮于[illegible]落不偶携婦
就食四方新河之役夫在募中會大疫夫死婦伏

屍傍哭三日不食死督工官義而葬之

清風烈婦徐氏　一李姓業皮者妻也僑居夏鎮會歲饑有女年十四鬻之娼約成矣妻女知之遂相拉赴池水死越三日屍浮出猶一手挽女一手抱其兩歲兒馬邑孝廉馬一化表其事西蜀楊爲棟爲之祠有記見藝文志

張氏沛人卓勉倫妻倫素有癇疾氏躬侍湯藥願以身代倫竟不救氏于其夜即自經死

郭青兒沛人年十六許聘里人王成一日成與濟

人爭討欲自死乃詣女家囑其僮求一見女拒之再三終不與見戚歸自經女聞痛咽不食亦自經死有司率僚屬師生往弔祭之與戚合葬當道立石表其墓

宮氏戚人王養志妻養志病卒氏以死自誓勺水不入口者三日親戚勸以撫養幼女氏餘對家人嘆息曰當此亂世婦人女子從一而終身名不玷者有幾生不如死之爲愈遂與其女皆自經其家人覺女獲救氏竟死

孫氏魚人孫乾開女適沛庠生朱奕瑞以病故越三日氏自縊死沛博士弟子爭爲詩文聲祭之

周氏沛人郝綦隆妻夫死氏自縊公姑惡救得免久之夫葬有期矣卒縊死從夫同窆一時弔者塗人莫不哀之部使者趙士履有快哉歌表其事

李氏夏人適沛廩生韓晟夫死即日自縊死縣令率官屬及紳衿爲文祭奠之

嚴氏嶧人李亦榮妻也年十七歸亦榮甫四月榮卒甃前一夕氏潛浴更衣履自經事聞詔有司立

坊表閭

張氏徐州人張崑女也聘于嶧民劉麟子天民天民感疾歿氏在室年十八聞訃以首觸地絕而復蘇者數四越數日乘隙自縊死父崑送夫家合塟遠近觀者無不嘆羨泣下直指上其事詔鐫碑表墓

黄氏滕民程士用妻也士用遠出姑病久不愈家貧乃割股爲水角以奉姑姑食之病果愈而氏病瘡不能起姑問之以瘡對姑初恚起視其股驚曰

此乃刀瘡非癤也固問之以實告曰姑拖面哭曰吾無以報吾婦惟遍謁神祠禱焉

衛氏山西人盧鉉妻鉉客居夏鎮城南久病不能起順治六年賊至氏守鉉不忍去被擄與之金冀脫夫婦之命賊得金貪婦姿復欲擄去氏大罵不從遂被殺鉉旋亦以哀死

郭氏夏民郭一德女年十五婚有期矣適賊至虜不得脫遂衣其新粧欲死被掠不從抱載馬上數四終不服墜馬大罵被殺

鹿氏戚民國準之僕楊得盛妻也盛爲賊殺氏年十八痛夫死非命悲號痛切哀慼傍人買楮帛奠其夫畢即溺井死

林氏滕民劉仲妻家極貧夫死林有姿色少年爭娶之氏知不能止也會煮豆粥湯沸起乃曰爲尊者此面也以面投釜死

趙氏沛人已歸而依其父居父瞽歲饑有贏粟盜刼之闔門走避獨女挺刃拒賊以身翼父面中[illegible]傷不怯卒免父于難

杜氏沛民翁化麟妻朱氏曾文祚妻許氏黄元德妻
蔡氏羅鎮福妻俱居夏鎮順治六年賊至被掠不
從駡賊被殺朱氏沛民柳應考妻李氏應考義媳
王氏適官橋某姓俱居泇河口順治八年二月賊至俱
投河死

名宦

鳳翔千仞無不願其來下梟集於庭人思揭竿逐之
矣故夫樹駿流鴻而當時賴之積仁累澤而亦大世
思之信服官有位之烈已若乃仲宜夏思于

荆士子美悲吟于西門至今其地猶藉以為
重是高人逸士之羈棲亦爰止之鳳也可不誌
歟
朱衡號鎮山江西吉水人由進士拜工部尚書開
新河二百餘里濟運趾夏鎮二年督挑浚有法
御夫役有恩故民雖勞不怨又好獎引士類以居
民所造功德祠推以肄士窮鄉僻壤一時烝烝嚮
化矣
陳楠字子材從尚書朱衡開河夏鎮蒞度疆理建

公署尊居民雖日不暇給規模弘遠矣而後繼自
持多所造福又其餘節

梅守相字台輔任夏鎮九年泇河之開隄爲首勞
澹泊寧靜民用不擾

茅國縉字薦卿鹿門先生之子也矜鰥寡恤貧窮
急寒士解衣推食人受其賜卒于任鎮人建福祀
之

陸化熙字羽明值白蓮賊據滕大舉奪漕化熙請
兵得烏合之衆千人與戰敗走徐後淮徐兵大合

賊退化熙始歸鎮熙爲人忠誠懇篤人所共信故失鎮而人不怨復即來依之去而如失怙恃焉

韋祚興沂州指揮崇禎十四年寇賊数萬盤據夏鎮會興以公事經嶧嶧人爲鎮民請命興不俟徵發毅然率兵三百出其不意殺傷無数鎮城遂復士民爲立碑于殺賊處

僑寓

周天球號幼海吳人有高行工詩文精字學成新河時朱尚書衡聘致之居夏鎮數年故鎮中多其

遺蹟其所書新河碑書家評爲神品
李國祥字休徵江西南昌人幼而穎異博學能文
由例監仕兗以詩罷官貧不能歸居鎮日不能給
購其文者或予數金得即散之所著有儒閒叢草
河工諸議松門山房十部集行世
吳思沐字新之歙人禮部儒士授光祿寺署丞博
通羣籍兼精名理以慈愛存心利濟爲事居夏鎮
遇饑施糜掩骼置義阡數處又捐貲除黃河沖伏
石椿木數百里砌會景門渡口石磴舟行至今賴

焉李太史維禎爲傳其人
孫盛字君承歙人隨父賈夏鎮倜儻自喜不拘小
節意常不可一世遇同調者即不悋肝膽付吟詩
文一洗陳言趨于冲澹必傳之技也而坎壈終身
四十始見知于督學使者熊廷弼補博士弟子業
酬厥志所著有不朽集行世
俞鳴環其先新安人賈于夏鎮重然諾慎取予循
禮慕義士大夫多樂與之游而[illegible]尊忠信退[illegible]
讓其子若孫世守之有[illegible][illegible]若[illegible][illegible][illegible][illegible][illegible][illegible]

議公府性尤好施予每爲人助喪助婚積德者甚
衆郡邑聞而嘉之授以冠服不受嘗自言存心
惟務天理積德不在人知其人蓋可知矣年八十
二無疾而終

江理歛人精醫術其與人醫未嘗以富先貧以貴
先賤人有求者皆急之至八十餘不倦蓋賢而隱
于醫者也

邢文煌山西汾陽人由吏員明末爲夏鎮閘官敦
禮讓樂道德溫恭長厚有文吏風其與人交無貴

賤皆得其懽心輕財尚義素饒于貲常貸金與人入息以自贍其不能償者則僅取其值或竟焚券毁約而無幾微慍色順治六年賊破鎮焚子女多被掠去以質人金每捐貲授其親人贖之至傾其貲不償弗計也遂以此致窘歿于官士民傷之

汪廣鉉納流歙人能詩文工棊奕尤精書筆法宗右軍一時薦紳大人惟恐不獲致之然不事生產[illegible]豪縱酒卒由此自廢惜哉

物產志

禹貢所載厥土五色孤桐浮磬蠙珠纖縞志一州之所貢也而以概于一隅則固矣顧物以罕有見賞地以獨鍾爲奇珠璧稱寶朱芝瑞物所罕也蓴曰千里魚曰丙穴地所獨也若布帛菽粟此之所有而非彼之所無又何以稱焉然天施地生其益無方豈曰此區區彈丸之地遂不得與列國名邪共昭上帝之明賜歟因採野老之所陳述而備志之後之君子亦可以按故

譜而念物力之不易也
粟重黃粱麥珍紫實秫白疑秔黍糯異稷豆以郘
多而市遠稻以種少而鮮食果則暴冊之杏獨房
之粟桃熟十月李變三色梨棗之利素擅山東[illegible]
蜀之美來自西域赤貴珠桃鮮[illegible]蘋實榴喻丹砂
稱比玉液南莊之藕大于臂楊莊之瓜甜逾蜜蔬
則人嗜葱韭家藝蘆菔白扁黃花青芹紫蘇蔓菁
薯芋多種以防歉蘑菇菌蕈時有而或[illegible]瀟勝[illegible]
之筍茄稱塞上之酥樹則楝栢梃幹楊椰成[illegible]

榆先冬而飛雪槐入夏而屯雲兼以名花爾植處
草砌生牡丹吐艷秋菊餐英海棠色媚玫瑰香菲
芍藥表乎花瑞木瓜咏于風人梅遜江南而臘發
竹昉淇園而逾青康成書帶草遍地如薤子美蹼
堦碧湖上成芸藥則草有夏枯花有忍冬號仙
人英名蒲公茉莒沿道獨茂兎絲附豆生背薏苡
釀酒以祛濕豨薟蒸釀而起癃烏蘞支鐵亦有布
穀鶴鶉拳屈而好鬭鵪鴿輕捷而喜游靈鵲乾噪
鶺鴒雨呼水來淘河涸先乾湖特以陰晴水旱之

異候詔紅女與耕夫暨若鷭鷄大于荆越不少三尺之爲鶡野鶩色分黄白共窼乘匹而不妬獸則牛羊在山犬豕在塗貛狼獵于冬月雉兎羅于平蕪若夫穿屋之雀穿墉之鼠莫黑者烏莫赤者狐有之爲害亦未易除貨之所有魚鐵硝炭麻油米棉麥化爲麵靛出于藍布不爲精紙不能堅邵垩集之麻可績而俗不知績滙子里之桑可蠶而人不善蠶蒲葦宜蓆宴人織之以爲業菱菰有米漁人舂之以當餐

屬邑志

沛滕嶧皆古名邑禮義之化貽自鄒魯雄大之風稱自齊楚車書文物甲于中國焉既多豪傑崛起非常之士屠販胥隸皆至王公將相又多談經文學之儒蔚然東海彭城淵高至丞相韋通侯下亦不失博士由漢以來可指數也運渠所歷皆其舊地顧自河以外及未有河以前俱不暇叙次深君子闕然之思矣今特畧而存之庶幾乎憑吊周知之一助嗟乎山川風土古今

一爾世代有推遷而沛滕薛蘭陵之地猶昔也顧以才賢則昔盛而今衰以民物則昔隆而今替以貨殖則昔豐而今嗇感時懷古其在斯者其在斯乎

沛縣

禹貢海岱及淮惟徐州 春秋屬宋 戰國楚併其地 秦地為泗水郡 漢先屬楚國 後屬豫州沛郡 統縣三十七 東漢豫州沛國 統縣二十一 晉豫州沛國 統縣九 劉宋屬徐州 隋屬徐州彭城郡

唐屬河南道彭城郡　宋屬京東路徐州　金屬山東西路滕陽軍省入源州　元屬濟寧路濟州　明屬徐州

其疆域在江南徐州西北一百二十里東至滕縣南通徐州西接豐縣北距魚臺東西廣九十八里南北袤一百一十里

山川則有戚山　青龍桂籍山 下有無兒寺或云蕭何祈子所建

黃山　泗水　柤水　鴻溝河　章公河 工部主事章拯所濬洩水河 泡河　新河 即運河 鮎魚泉 水入漕 金溝 三河口水

由此入運。餘詳前志

橋梁驛置則有飛雲橋縣南門外泗亭驛在夏鎮

祠廟則有漢高祖廟漢建久廢明重修昭惠祠祀春秋伍侯員忠孝祠明建祀知縣顏璩父子及其簿唐子清尉黃謙大德祠祀刑部侍郎吳鵬

古蹟則有虺城相傳仲虺封此許城地道記云沛有許城左傳鄭滅許即此泗水郡城縣東香城一統志云楚人琴高居香城泗水中沛宮鷄鳴臺沙河東岸漢築琉璃井俗傳漢高祖鑿樊巷樊噲舊居射戟臺呂布射戟處東坡竹石碑儒學大門呂母塚漢呂后母也○餘見前志

封爵則有漢劉濞高祖兄子初封沛侯獻王輔光武子封沛王子魏[illegible]

王林武帝子封沛順王景安平獻王子魏樂安亭侯文帝受禪封沛王唐章
懷太子賢高宗子封沛王
名宦則有宋鄠縣程珦字伯溫二程夫子之父明顏瓌字伯瓌江
西廬陵人以賢良薦知縣事靖難兵入沛瓌具衣冠自經子有為自刎籍唐子清尉黃謙俱被執不
屈死胡守約字希曾西川合州人由孝廉知縣事會中官史宣經沛陵轢官吏橫索無厭約
挺身立辨與宣訐奏誣逮繫獄罷歸後事白官至按察僉事
人物則有商左相仲虺奚仲之後漢平陽侯曹參安國
侯王陵絳侯周勃勃子條侯周亞夫舞陽侯樊噲
汝陰侯夏侯嬰御史大夫周苛汾陰侯周昌廣阿

侯任敖蒯城侯周緤安平侯鄂千秋處士姜肱字伯

淮肱弟仲海季江俱以孝友著聞不應徵聘博士施讎從田王孫受易

讎授張禹高相治易與公同時費戴崇字子平受易于漢禹官至九卿鄧彭祖

字子夏從梁丘賀子臨受易仕眞定太傅聞人通漢字子方受后蒼禮于孟卿仕至中山

中尉慶普字孝公同戴德戴勝受禮于孟卿仕東平太傅蔡千秋字少君嘗授穀梁春

秋丁榮廣官諫大夫給事中戴賓受易于施讎禰少孫受詩于王式爰禮

以說文解字爲小學元士黃門侍郎度尚字博平山陽湖陸人漢桓時以功封右鄉侯[illegible]

劉毅與劉絫起義兵討桓玄以功封南平郡公南壯朝朱齡石弟超石

俱仕宋以功封齡石豐城侯超石與平侯周劉璠以功封平[illegible]子以陽興[illegible]

封漢安縣子隋劉行本璠兄子爲太子庶子唐劉軻文章韓柳齊名白樂天與之游五代劉知俊仕梁爲涇州節度明謝陞由明經任監察御史死靖難節父及子俱編戍蔡楫舉孝廉仕監察御史以言事謫戍井州尋起用官至按察司僉事趙淸性至孝母墓瀕河會大水至清負土籲天誓與俱沒水竟弗溢有鼠啣草塞其廬隙槁瓜復秀之其後應貢爲國子生祀鄉賢邵奇邑庠生有膂力善飯會歲饑里中無賴子畏奇不敢爲竊相聚刼奇奇不從後無賴輩以厮竊米肉暮夜來饋奇棄之野竟餓死○餘詳前志

列女則有漢王陵母明張氏蔣政聘石氏張蛀聘陳氏甄時用聘俱未嫁夫死自經劉棟妻棟弟楅妻死遺一子抱詣棟會棟妻夜生女語夫曰叔子難得且失母吾生女也不如棄女而存叔子棟從之○餘

詳前志

僑寓則有漢呂公呂后父閔貢字仲叔與周黨齊名

仙釋則有春秋琴高居香城泗水中浮游梁碭間二百餘年後入碭水中取龍子乘赤鯉出入晉王玄甫穆帝時乘雲駕龍白日昇天爲中嶽眞人明李旺幼遇異人行多奇跡後死已棺斂人復見于豐縣開棺視之惟存雙履

科名則有明進士李紳成化丙戌仕光祿寺少卿李生芳萬曆癸未仕工部主事張貞觀癸未詳前志張斗丙戌詳前志舉人杜暘洪武己卯張威壬午李巽永樂乙酉趙斌辛卯蔣讓宣德乙卯周崧景泰庚子李紳成化乙酉順天中式劉章嘉靖壬午周乾丁酉蔡桂戊午馬一化

甲子李生芳隆慶庚午河南中式張貞觀萬曆癸酉張斗丙子蔡日知

乙卯桂子閻爾梅崇禎庚午順天中式

滕縣

禹貢海岱及淮惟徐州　周爲滕國薛國小邾國

戰國倂于齊　秦屬薛郡置滕縣薛縣　漢屬

豫州爲魯國蕃縣薛縣沛郡公丘縣又屬徐州爲

東海郡戚縣昌慮縣　東漢屬豫州部魯郡　南

宋屬兗州爲魯郡蕃縣又屬徐州爲蘭陵郡昌慮

縣　隋屬徐州彭城郡　唐屬河南道　宋屬京

東西路 金屬山東西路爲滕州 元屬山東東西路 明屬兖州府
其疆域在山東兖州府東南一百四十里東至嶧縣南界沛縣西接魚臺北距鄒縣衡百七十里縱倍之
山川則有黃山 曾子山上有曬書臺相傳曾子嘗讀書于此 越峯山 大崖阜山 鼉山 青龍山 牙山 栲栳山 寄寶山 屏山 榆山 雲峯山 卧雲山 天門山 觀山 寒山 白龍山 吳戢山

熱山　雲龍山　老君山　銅閣山　匡山　臨山　梁山　鉅山　天保山　張山　黑山其餘山川俱詳前志

橋梁驛置則有躋雲橋縣東門外橋有十三券從五十丈橫二丈五尺高二丈　官橋隋建　覇陵橋相傳孟嘗君建　滕陽驛縣東　臨城驛縣南七十里

祠廟則有性善書院祀滕文公　奚公祠祀奚仲一在薛城中一在奚山下廢　今忠烈祠祀知縣姬文胤

古蹟則有滕城古滕國　郳黎來城古小邾國　王陵臺王陵築

釣魚臺相傳范蠡釣魚處在陶山 鮑叔牙墓 冉求墓 萬章墓 田嬰墓 毛焦墓 焦花女墓女定陶人不詳何氏母病隆冬思食燎麥女向田悲哭麥忽穗燎以奉母而疾愈卒葬滕○餘詳前志

封爵則有黃帝子滕伯夏奚仲以車服大夫封于薛 殷仲虺奚仲後 周叔繡文王子封滕侯 曹友封郳附庸 戰國田嬰齊威王子封薛爲靖郭君子田文爲孟嘗君 漢泗鈞文帝封靖郭侯 劉富楚元王子景帝封休侯 劉順魯恭王子武帝封公丘侯 劉弘魯孝王子宣帝封昌慮侯 晉武陔封薛縣侯 唐李元嬰高祖子封滕王 李業睿宗子封薛王 長孫順德封薛國公 周劉重進封薛國公 明朱瞻墱成祖子封滕王

名宦則有漢夏侯嬰爲滕令曹參爲戚公索隱曰令也明知州薛原義洪武中任滕廉勤儉興學均賦挪制易俗祠名宦知縣羅斐正統中任寬嚴得中祠名宦歸儒正統中任廉以律已寬以恤民百姓悅服脫因自歸祠名宦張珞元嘉靖時任治邑多有惠政新河之開與有勞績姬文胤天啓時任未一月即遭賊之變被執自經贈少問縣丞顧俊吳縣人剛正廉明無所阿避陞知縣去行李蕭然祠名宦

人物則有周然友畢戰萬章滕更俱詳孟子漢叔孫通爲太子太傅眭弘字孟從嬴公受春秋以明經爲議郎馬宮代孔光爲太師大司徒封扶德侯顏安樂眭孟姊子家貧力學官至齊郡丞曹充持慶氏禮爲博士後拜侍

中

曹褒 充子舉孝廉官侍中博物識古爲儒者宗

寒朗 以尚書教授舉孝廉仕至清河太守

後漢

王晏 仕周封滕國公後歸宋封韓國公

元

李稷 八歲能說誦經史書進士累官中書參知政事孝友恭儉廉慎忠勤仕宦二十年始終無疵

李洞 有文名以姚燧薦累官翰林直學士有集四十卷行世

陳思謙 少孤警敏好學年四十以薦舉累官行臺監察御史多所建明尋拜治書侍御史歷中丞卒封魯國公

明

曹本 褒後由明經歷事太祖成祖仁宗宣宗累官兵部侍郎

甯直 舉孝廉仕宿遷令多異政卒于官民老幼相扶哭于縣門者相攜有送其喪至滕葬畢而後歸者

杜玧 由進士歷官按察司僉事貌若不勝衣而肩任大事屹然不奪卓然有名于時處家孝謹居鄉和睦祀鄉賢

王藎臣 舉孝廉有文名任平凉通判有殊績〇餘詳前志

列女則有晉曹氏鄭袤妻袤先娶孫氏早亡曹其繼也初袤貧氏勤孝克盡婦道及袤爲司空子默等又顯貴時人莫不榮之曹氏深懼盛滿每默等升進輒憂形于色食無重味衣不綺綿秩祿班散族戚家無餘貲袤薨家人等以孫氏遠瘞黎陽久喪難舉欲不合葬氏曰孫氏元妃理當從葬豈可使孤魂無依卒備禮迎之聞者嘆服宋董氏女許適劉氏子建炎初爲盜掠悅其色欲亂之女不從賊百計誘刧女大罵詈遂被殺劉氏立祠祀之金任氏主簿吳誼妻汲于井遇冦將汚之投井死明范氏徐勝妻早寡家貧公姑歿負土以塋人咸稱爲節孝婦宋氏劉志妻陳氏盖電妻胡氏黄忠妻梁氏王彪妻王氏洪津妻俱夫死自縊張氏二歲許適高朝用子高誠時高固富商未聘也其後高氏貧不能聘議欲罷婚氏不可乃贅誠于家甫一年而誠徃山西不還傳言巳死誠兄高論欲嫁之氏剪髮

以誓繼復剪耳懼而止其後復陰許于人娶之夕
氏知之紿論曰既嫁我不可俟我膏沐更衣乎乃
懷其夫遺鏡泣謂所親曰吾所以斷髮剪耳不死
者以誠存亾未可必欲有待也今已矣遂縊而死
○餘見
前志
僑寓則有范蠡寓陶山孟子齊貌辯靖郭君客馮驩公孫
弘雍門周俱孟嘗君客田駢寓薛
其仙釋則有元馬了道師事雷洪陽得馬丹陽之術結廬雪山形解仙去人
稱小丹陽張志廣師馬了道得導養術壽八十一豫知死日沐浴更衣冥目端坐
號靈真子
玉柱撐
項而化
科名則有明進士楊溢洪武辛未彭翺永樂辛丑梁材[illegible]

仕至按察司僉事杜玩弘治丙辰詳人物蒿賓嘉靖戊戌任淮安府判張守
蒙甲辰仕至運使黃希周甲辰仕至長史王嘉賓壬戌詳前志王元賓
乙丑詳前志張中鴻萬曆庚辰詳前志侯慶遠黃中色董國光
俱癸未詳前志張宗孔壬辰詳前志張盛美天啓乙丑仕鳳陽推官舉人
楊溢洪武庚午甯直丙子詳人物耿琰建文壬午任訥永樂乙酉趙春
戊子陸順汪泉俱辛卯賀彬馮臻俱甲午萬鎰丁酉陳膚彭
翺俱庚子李順吳範俱癸卯趙徵宣德乙酉平陽同知侯紹正統甲子
汾州同知甯良景泰庚午梁材任亨張翺俱癸酉杜玩程驥俱弘
治乙卯任霓辛酉河澗通判張祐正德丁卯黃希周嘉靖戊子王藎臣

蒿賓張守䝉張大經俱甲午侯維藩庚子王嘉賓乙酉李

周南戊午王元賓劉㸃俱甲子張中鴻王利賓俱庚午侯

慶遠萬曆癸酉黃中色龍爲光雲南參政杜一蕡俱己卯董國

光壬午張彩解元張宗孔茸仁俱辛卯呂啓源甲午顏守耕

丁酉德安推官張養晦癸卯歸德推官黃昌年己酉趙利珍乙卯張盛

美王新命俱戊午王國軸天啓辛酉張忠謨黃祖年黃家

瑞丁卯杜綮孫念祖俱崇禎庚午

嶧縣

禹貢海岱及淮惟徐州　春秋屬楚戰國楚置

夏秦屬薛郡　漢置丞及蘭陵屬東海郡東漢
國之　晉置蘭陵郡統縣五　劉宋置蘭陵郡昌慮丞
三縣　隋屬徐州置鄫州　唐屬沂州宋因之
金屬邳州置嶧州　元屬益都路　明屬兗州府
其疆域在州東兗州府東南二百六十里東至沂
西至沛東南界鄒邳西南據徐東北至費西北據
滕廣八十里袤一百七十里
山川則有僊壇山　龍山　杏子山　龜山　柏
山　阜子崗　曾卿山上有季文子廟亦云季山　巨梁山　將

篳山　斗山　熊耳山　周山　天臺山　護金山　夾山產錫舊有錫場見一統志　方山　閩公山　黃被山

鳧山　漢王山　灰堆山　太明山　鑄錢山

姑嫂山　青石山　金陵山　筆山其餘山川俱詳前志

橋梁驛置則有蕭橋縣南五里　裴家橋縣北三里北出諸水流其下

萬家驛萬年關內

祠廟則有滄浪神祠古建宋賜額為霖澤廟元明皆重修禱雨多應　二疏祠城內　匡丞相祠一在縣東門外一在公墓左　女媧祠金陵山南今廢其址礎不尚存

古蹟則有漢承陽古城縣西古鄫城縣東八十[illegible]漢二疏舊居嶧州舊城石門莊相傳子路宿處荀子宅[illegible]蔇亭春秋公及齊大夫盟于蔇即此路史云沂之承有蔇亭即古蔇國散金臺[illegible]處散金白侍郎曬書臺侍郎不詳世次姓氏獨有[illegible]刻大寧清頌碑山下有白家莊女媧墓金陵山上偪陽王墓偪陽城東季文子墓魯卿山上王肅墓餘見前志

封爵則有周鄫子姒姓少康之後始為曲烈後偪屬魯國絕魯哲曾子其後也陽王顓頊之後為晉所滅後漢劉就齊孝王子武帝封偪陽侯公孫賀武帝時以功封葛繹侯劉宜廣陵孝王子元帝封蘭陵侯衛綰景帝時以功封建陵侯

劉囘楚孝王子成帝封陰平侯三國王朗仕魏以功封蘭陵侯子肅晉胡毋輔之以討齊王冏功封陰平縣男北齊高長恭一名孝瓘文襄帝子封蘭陵王

名宦則有楚荀卿蘭陵令漢袁安舉孝廉除陰平長舊有雹淵冬夏不消歲中輒出飛布十餘里大爲民害安推誠潔齋引愆貶己雹遂爲之沉伏不起乃無苦雨淒風爲累官司空司徒朱儁舉孝廉除蘭陵令有異能累官至大司農晉孔休源守蘭陵風範彊正明練政体嘗以天下爲己任聚書盈七千卷手自校練累居顯職卒謚貞子宋魏濤彭城人永縣令亢直不欺天性孝友歷濮州參軍著作朝請郎俱有聲其抗契卅使爭界事尤稱大節云元梁宜由進士授國子助教以臺憲薦守嶧州去縈蠲苛辨寃理枉舞文奸猾卒正以法繁無滯事公府凜然尤加意學校勸課農桑修舉廢墜累官禮部尚書祠名宦明王黻

河內人由孝廉廉勤仁恕儉朴寡欲民有爭訟溫語勸諭不加鞭朴會當代邑民伏闕願留獨任九載政績益懋稱不愧古循良焉劉衍疇洛陽人由孝廉精明淸惠强毅有爲理邑如家愛民若子嘗募穿煤井五百眼又募開磁窑二處嶧民至今享其利

人物則有周曾參鄫子之後詳見曾子世家漢太子太傅疏廣太子家令疏受郎中令王臧受易于申公褚大從董仲舒受公羊春秋仕至梁王相繆生與孔安國同從申公受詩仕長沙內史尚書蕭望之太傅孟卿后氏禮疏氏春秋皆出孟卿孟喜卿子從田王孫受易丞相匡衡京兆尹毋將隆王莽少時慕與交隆不肯附累官京兆尹執金吾後漢太司徒司直王良不仕王莽光武徵用三國繆斐該覽經傳事親色養

公府徵辟並無所就子襲有才學累遷侍中尚書光祿勳王肅朗子仕魏累官散騎常侍光祿
勳所著有諸經傳註等書晉繆播繆胤播從弟兄弟並忠于懷帝爲東海王越所害
束晳疏廣之後仕著作郎遷尚書郎以博識稱著述甚富遇亂多亡失齊高帝蕭
道成左僕射李安人出爲吳興太守有清名桓康從齊武帝起兵以功
封吳平縣侯周盤龍仕齊爲右將軍以功封爵爲侯子奉叔並有武功封曲江縣男梁
武帝蕭衍南豐伯蕭穎冑冑弟穎達以功封吳昌縣侯蕭
嶷大司馬中書監蕭子顯好學工屬文嘗著後漢書一百卷齊書六十卷普通北伐記五
卷貴儉傳三卷文集四卷蕭子雲子顯弟風神閑曠任性不羣善草隸爲時楷法武帝造寺
令子雲飛白大書蕭字所著晉書一百一十卷東宮新記二十卷唐蕭瑀仕至太子太保

蕭穎士四歲屬文十歲補太學舉進士對策第一

明賈諒仕給諫工科敢言歷陞都察院右副都御史歷中外朝廷重之祀鄉賢

李宗學性極孝父病侍藥嘗糞及歿廬墓三年墓前池水中出五色氣上燭天人以爲孝感後舉進士累官泉州守

王佑由孝廉任榮澤令母病冬月思桃佐屢禱濟瀆神池中忽浮二桃出歸以奉母其疾遂愈人共異之在任廉謹慈惠多嘉政

王明徹由孝廉初授阜城令會流賊起中丞甯其征勦無功縱部下掠農人首以冒功阜城獨慄徹乃聚被掠人田器盈車赴闕奏甯妄殺奪甯官名震京師歷官州守郡丞皆有聲續後卒爲甯親知所構人共冤之

王用賢父早歿事母孝性誠確言笑不妄開帳授徒科貢之士半出門下以明經授桃源丞清操不染人無間言卒門人私謚曰貞介先生

國朝韓得文由明經歷官南安郡丞金逆之變死之○餘見前志

列女則有會次室女過時未字倚柱而嘯憂會君老太子幼漢王貞妻良為大司徒其史鮑恢以事過候其家求見夫人良妻布裙曳柴從田中歸曰妾是也恢乃下拜聞者嘉之唐殷夫人封氏字景文秘省校書殷保誨妻善草隸工文章保誨為賊所俘覩封麗質數欲犯之奮挾大罵被殺保誨尋得脫枕屍哭曰景文景文即相見遂長號而絕元魏氏石巖妻進士魏和卿女幼得內訓好讀書為師得律度坐爨舍授經二十年年七十不衰蕭氏韋雍妻兵亂雍被掠呼雍曰願死于君前義不受辱賊斷其臂殺雍及蕭詔贈蘭陵縣君明霍羊女嶧霍鑑女周氏嶧民周世昌女俱正德中被賊掠欲污之大罵不屈被殺下詳旌表洪氏王妻通房氏庠生劉萱妻陳氏庠生徐鏜秀妻俱太延云○餘前志

僑寓則有陶唐許由字武仲[illegible]為人[illegible]不坐邪[illegible]不食隱于沛澤[illegible]方[illegible]東遊嶧陽今有許由泉周石門守避世不仕為魯石門主晨夜與子路問荅嶧有石門村即其舊地范蠡去越適齊為鴟夷子後遷陶為陶朱公已復棄之蘭陵賣藥秦安期生賣藥于東海邊時往來蘭陵市中時人謂之千歲公漢東海隱者姁不知何許人後寓蘭陵與司直王良為友良以清節徵用一年復還初不肯見出讓之曰不有忠言奇謀而取大位又復遽去何往來屑屑不憚頃也遂拒良終身不納論者高之晉劉伶放情肆志常以細宇宙齊萬物為心與阮籍嵇康等為竹林七賢

仙釋則有漢抱犢王老詳前志南北朝蕭靜之性好道舉進士不第遂絕粒鍊氣嘗掘地得一物類人手肥而且潤其色微紅疑是太歲烹而食之後遇道上

告之曰厥食者芮芝也當壽同龜五代樹王不知
鶴矣遂捨家雲水竟不知厥之其名
草衣木食嘗棲樹間人明吳守一早爲黃冠入神
呼爲樹王後羽化去峯山棲霞辟穀
有年忽一道士入靡袖中出茶一包烹與共食道
人辭去即不見年踰九十鶴髮童顏羽化之夕奇
香滿室白鶴
垂空者移日

科名則有明進士李宗學景泰甲戌丁本正統乙
詳人物丑官給
諫有直聲仕劉鍾英正德戊辰賈三近隆慶戊辰
至福建參議官至刺史詳前志
郝德培崇禎戊辰舉人李謙建文李茂宋凱賈諒
詳前志壬午
見人物俱戊辛俱甲
□象乙酉孟郁子高志學卯王貴周訥午胡絲
□□□□張恆動曾顯俱庚王佐宣德丁本正統
□□□□丁壬子戊午

賈傑諒子辛酉歷官參政　李宗學謙子甲子　閆延慶景泰庚午　陳楷癸酉

陳繼宗丙子　王彰成化乙酉　賈訪酉　王嗣宗丙午　劉本澄弘治

乙卯　王明徹戊午松江同知　劉鍾英本澄子甲子　潘輅嘉靖乙酉　龍游

真定永平別駕　潘愚輅子俱壬子鄜州知州　賈三近戊午　褚德培　楊

起鳳　李狄門　賈文燽俱崇禎丙子